中国科协生命科学学会联合体
China Union of Life Science Societies

中国生命科学十大进展
2021

中国科协生命科学学会联合体　编

中国科学技术出版社
·北　京·

图书在版编目（CIP）数据

中国生命科学十大进展 . 2021 / 中国科协生命科学
学会联合体编 . — 北京：中国科学技术出版社，2023.3
　　ISBN 978-7-5236-0032-0

　　I. ①中… Ⅱ. ①中… Ⅲ. ①生命科学—科学进展—
中国—2021　Ⅳ. ① Q1-0

中国国家版本馆 CIP 数据核字（2023）第 038315 号

策划编辑	符晓静
责任编辑	符晓静　王晓平
正文设计	中文天地
封面设计	孙雪骊
责任校对	邓雪梅
责任印制	徐　飞

出　　版	中国科学技术出版社
发　　行	中国科学技术出版社有限公司发行部
地　　址	北京市海淀区中关村南大街 16 号
邮　　编	100081
发行电话	010-62173865
传　　真	010-62173081
网　　址	http://www.cspbooks.com.cn

开　　本	710mm×1000mm　1/16
字　　数	157 千字
印　　张	11.75
版　　次	2023 年 3 月第 1 版
印　　次	2023 年 3 月第 1 次印刷
印　　刷	北京博海升彩色印刷有限公司
书　　号	ISBN 978-7-5236-0032-0 / Q·242
定　　价	58.00 元

中国科协生命科学学会联合体
简 介

中国科协生命科学学会联合体（以下简称"学会联合体"）是中国科学技术协会（以下简称"中国科协"）的学会联合体，是非法人联合组织。学会联合体由中国科协所属生命科学领域的 11 家全国学会联合发起，于 2015 年 10 月 15 日在北京召开成立大会。

学会联合体的成立不仅是科技体制改革的重要举措，也是群团工作改革的创新举措，更是顺应现代科技发展规律的具体举措。生命科学领域是体现学科高度交叉融合的典型学科，也是目前我国在国际上有重大影响力的学科领域，有可能实现从跟跑转为并跑、领跑。学会联合体重在创建学科和人才间有机互动、协同高效、资源开放共享的长效机制，形成共谋发

展、联合攻关、协同改革的稳定体系。学会联合体所提供的大平台能够进一步突出科学家在科学研究及科技创新中的主体性，能够更好地发挥科技社团的组织和引导作用，促进成员之间的信息交流与资源共享，营造出一个良好的创新环境。学会联合体通过开展大学科交流，促进学科间融合合作，使更多的资源共享、共用，引导和促进协同创新，充分发挥学会联合体平台、集成优势，通过开展重大评估、设立重大奖项、提出重大计划、承担重要职能，凝聚各方科学家和广大科技工作者，提升国际话语权。

目前，学会联合体成员包括中国动物学会、中国植物学会、中国昆虫学会、中国微生物学会、中国生物化学与分子生物学学会、中国细胞生物学学会、中国植物生理与植物分子生物学学会、中国生物物理学会、中国遗传学会、中国实验动物学会、中国神经科学学会、中国生物工程学会、中国中西医结合学会、中国生理学会、中国解剖学会、中国生物医学工程学会、中国营养学会、中国药理学会、中国抗癌协会、中国免疫学会、中华预防医学会、中国认知科学学会、中国卒中学会共 23 家全国学会。

成立背景

学科发展需求

生命科学是一门发展迅速、多学科交叉的前沿学科，与人民健康、经济建设和社会发展有着密切关系，是当今世界备受关注的基础自然科学之一。近年来，中国生命科学学界取得了举世瞩目的成就，这与生命科学领域各学会在推动学科发展中所发挥的积极关键性的作用是分不开的。

学会发展需求

加强各全国学会之间的沟通与资源共享，提升中国生命科学的国际影响力，更好地承接政府职能转移，加速全国学会的自身发展。

中国科协支持

在中国科协的倡议下，先由生命科学领域的 11 家全国学会作为发起单位，成立"中国科协生命科学学会联合体"，同时逐步邀请、吸纳中国科协所属生命科学领域各全国学会加盟，使学会联合体能够成为切实为各全国学会服务，进一步加强与中国科协的联系，大力推进我国生命科学发展的纽带。

宗旨与使命

学会联合体由中国科协所属生命科学领域各全国学会按照"自愿、平等、合作"的原则发起成立，与生命科学相关的各全国学会可自愿申请加入学会联合体。学会联合体在不干涉各全国学会自身工作的前提下，为更好地适应国家科技创新发展总体要求，探索科技社团的管理创新模式，促进资源互补和共同进步，推动科学普及、学术交流、咨询培训、合作开发、人才培养，加强生命科学与人类健康知识与文化传播，为国家经济与社会全面发展做贡献。学会联合体接受各成员学会的监督。

学会联合体的宗旨

——公平·合作·责任·发展

学会联合体的使命

——团结生命科学工作者，促进我国生命科学的繁荣和发展

——建立和完善学术和人才资源共享机制，促进科技人才的成长和提高，加速青年人才培养

——增强与政府职能部门的沟通以促进政府职能向全国学会转移，促进成员学会的协同发展，增强全国学会承接政府转移职能能力

——促进科学技术的普及和推广，加强产学研用相结合

——促进国内外合作交流，提升我国生命科学社团的整体竞争力，更好地为国家经济建设、全民科学素质提高及广大从事生命科学研究的科技工作者服务

——联合成员学会协同合作，完成单个全国学会无法开展的工作

本书编委会

中国科协生命科学学会联合体主席团

（按学会代码排序）

孟安明　中国动物学会理事长

种　康　中国植物学会理事长

康　乐　中国昆虫学会理事长

徐建国　中国微生物学会理事长

李　林　中国生物化学与分子生物学学会理事长

陈晔光　中国细胞生物学学会理事长

陈晓亚　中国植物生理与植物分子生物学学会理事长

徐　涛　中国生物物理学会理事长

薛勇彪　中国遗传学会理事长

秦　川　中国实验动物学会理事长

张　旭　中国神经科学学会理事长

高　福　中国生物工程学会理事长

陈香美　中国中西医结合学会会长

王　韵　中国生理学会理事长

张绍祥　中国解剖学会理事长

曹雪涛　中国生物医学工程学会理事长

杨月欣　中国营养学会理事长

张永祥　中国药理学会理事长

樊代明　中国抗癌协会理事长

吴玉章　中国免疫学会理事长

李　斌　中华预防医学会会长

陈　霖　中国认知科学学会理事长

王拥军　中国卒中学会会长

前 言 | Preface

　　生命科学已经发展为自然科学中最活跃的前沿学科之一。进入 21 世纪以来，生命科学正革命性地解决人类发展所面临的健康、环境和资源等重大问题。生物技术产业正加速成为继信息产业之后又一个新的主导产业，将深刻地改变世界经济发展模式和人类社会生活方式。近年来，中国生命科学学界取得了举世瞩目的成就，这与生命科学领域各学会在推动学科发展中所发挥的积极的、关键性的作用是分不开的。为了加强各学会之间的沟通与资源共享，提升我国生命科学的国际影响力，更好地承接政府职能转移，加快学会自身发展，由中国科协倡议，生命科学领域的 11 个学会作为发起单位，于 2015 年 10 月正式成立"中国科协生命科学学会联合体"。目前，学会联合体成员包括 23 个生命科学领域的国家一级学会。

　　自成立以来，学会联合体秉承"公平、合作、责任、发展"的宗旨，致力搭建高水平学术交流平台和高端科技创新智库，建立学术和人才资源共享机制，加强产学研用相结合，促进国内外合作交流，提升我国生命科学社团的整体竞争力，推动我国生命科学的创新和发展。

　　为推动生命科学研究和技术创新，充分展示和宣传我国生命科学领域的重大科技成果，自 2015 年起学会联合体以"公平、公正、公开"为原则开展年度"中国生命科学十大进展"的评选工作。2021 年，学会联合体各成员学会在广泛征求理事和专业分会意见的基础上，推荐具有创新性或先进性和重大学术价值或应用前景，主要工作在国内完成或以国内工作为主，并在国内外具有显著影响力的知识创新类和技术创新类项目。经各学会网站进行公示后，在众多优秀成果中推荐 1~8 个本领域相关的重大进展，共计 61 个项目提交给学会联合体评审专家委员会评审。经生命科学、生物技术以及临床医学等领域专家评选和联合体主席团核定，并报请中国科协批准，确定了 2021 年度"中国生命科学十大进展"。入选的 2021 年"中国生命科学十大进展"分别为（排名不分先后）：①中国科学院天津工业生物技术研究所联合中国科学院大连化学物理研究所等团队的"CO_2 生物转化与人工合成淀粉"；②西北工业大学生态环境学院王文、王堃团队与中国科学院水生生物研究所何舜平和中国科学院昆明动物研究所张国捷等团队的"脊椎动物从水生到陆生演化的遗传创新机制"；③清华大学饶子和院士、娄智勇教授团队的"新型冠状病毒逃逸宿主天然免疫和抗病毒药物的机制"；④复旦大学徐彦辉团队的"转录起始超级复合物的组装机制"；⑤中山大学肿瘤防治中心马骏研究团队的"提高中晚期鼻咽癌疗效的高效低毒治疗新模式"；⑥中国科学院遗传与发育生物学研究所李家洋院士团队的"异源四倍体野生稻快速从头驯化"；⑦中国科学院微生物研究所高福院士团队的"冠状病毒跨种识别的分子机制"；⑧中国科学院动物研究所詹祥江教授团队的"揭开鸟类长距离迁徙之谜"；⑨中国科学院生物物理研究所徐涛院士组和纪伟研究组组成的技术攻关团队的"干涉单分子定位显微镜"；⑩东南大学脑科学与智能技术研究院彭汉川、顾忠泽、谢维团队的"全脑单神经元多样性研究及信息学大数据平台"。

这 10 项成果不仅代表了中国生命科学领域在 2021 年取得的重大进展，也是世界生命科学领域的重要成果。这些研究成果不仅揭示了生命的新的奥秘，同时也为生命科学的新技术开发、医学新突破和生物经济的发展打开了新的希望之门，并让世界更好地了解中国生命科学的现状和突飞猛进的发展势头。祝贺取得这些重要科学进展的科学家和他们的研究团队，对他们敢为天下先的勇气表示钦佩。

中国科协生命科学学会联合体主席团

2022 年 1 月

目 录 | Contents

01 CO_2 生物转化与人工合成淀粉

蔡　韬　马延和

引　言

CO_2 既是温室气体，也是重要的碳素原料。自养生物可以利用 CO_2 合成生物质，是自然界中碳素循环的重要组成部分。淀粉是生物固定转化 CO_2 合成的最重要化合物之一，是粮食中最主要的营养成分，占谷物粮食重量的 70% ～ 80%，为人类活动提供必需的热量。同时，淀粉也是重要的工业原料，被广泛应用于食品、饲料、医药、纺织、造纸、日化等多种行业。淀粉主要通过种植玉米、水稻等农作物获取。据统计，全球每年谷物粮食产量约为 28 亿吨。其中，近 20 亿吨是淀粉类化合物，所以称淀粉为农业文明的"明星化合物"一点都不为过。那么，农作物中淀粉又是怎样合成的呢？

研究背景

一、自然生物中淀粉的合成

1864 年，德国植物生理学家萨克斯就通过实验证明，淀粉是光合作用的产物，合成淀粉的原料是阳光、水和 CO_2。随后的研究发现合成淀粉包括 3 个关键步骤：太阳能转化为化学能、固定 CO_2 合成前体和前体聚合生成淀粉。

农作物通过光系统将太阳能转化为化学能。这一过程发生在植物叶片细胞中叶绿体的类囊体中。类囊体上的光系统 II（photosystem II，PS II）吸收太阳能，并催化水裂解生成氧气、质子和电子。电子通过电子传递链中的质体醌（plastoquinone，PQ）、细胞色素 b_6f（cytochrome b_6f，$Cytb_6f$）和质体蓝素（plastocyanin，PC）传递传给光系统 I。在光系统 I 中，电子被最终传递给铁氧还原蛋白 -$NADP^+$ 还原酶（ferredoxin-$NADP^+$ reductase，FNR）用于合成烟酰胺腺嘌呤二核苷酸磷酸（nicotinamide adenine dinucleotide phosphate，NADPH）。电子在传递过程中同时驱动质子向类囊体腔内转运，和水裂解生成的质子一起在类囊体内外形成质子浓度差，并驱动类囊体膜上的三磷酸腺苷（adenosine triphosphate，ATP）合酶合成 ATP（图 1-1）。这样太阳能就被转化成了化学能，并储存在 NADPH 和 ATP 分子中，用于后续的细胞代谢和合成淀粉。德国科学家约翰·戴森霍菲尔、罗伯特·胡贝尔、哈特穆特·米歇尔因测定出了光系统反应中心膜蛋白 - 色素的三维空间结构，共同获得了 1988 年的诺贝尔化学奖。另外，我国科学家常文瑞院士、匡廷云院士等在解析光系统复合体结构方面也作出了非常重要的贡献。

CO_2 固定和转化反应发生在叶绿体的基质中。这一过程由类囊体产生的 NADPH 和 ATP 驱动。CO_2 和 1, 5- 二磷酸核酮糖分子（ribulose diphosphate，RUBP）首先被 1, 5- 二磷酸核酮糖羧化酶 / 加氧酶（rubisco）催化生成 3-

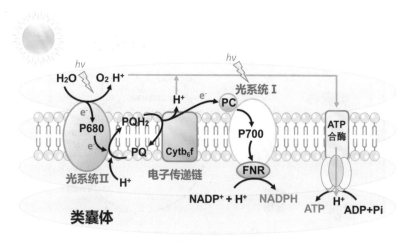

图 1-1　光合自养生物光系统示意

注:e⁻ 表示电子, *hv* 表示光子, P680、P700 分别表示光系统 Ⅱ 和光系统 Ⅰ 的反应中心色素（最大吸收波长分别为 680nm 和 700nm）, ADP 表示二磷酸腺苷（adenosine diphosphate）。下同

磷酸甘油酸, 后者经过不同酶催化的一系列生化反应再生成 1, 5- 二磷酸核酮糖, 同时生成 3- 磷酸甘油醛（3-phosphate glyceraldehyde, GAP）, 这一过程被称为卡尔文循环。该过程由 11 个酶催化 13 步生化反应, 合成 1 分子 GAP 需要消耗 6 分子 NADPH 和 9 分子 ATP, 并固定 3 分子 CO₂（图 1-2）。美国科学家卡尔文与其同事于 1961 年因发现卡尔文循环获得诺贝尔化学奖。

　　GAP 是细胞重要的中间代谢产物, 也是合成淀粉的关键前体化合物。叶绿体基质中的 GAP 被转运到叶片细胞中, 并经过一系列的转化过程生成蔗糖。蔗糖再经过植物的韧皮部, 被转运到储存细胞中。在那里, 蔗糖会再次被分解转化为 G-6-P, G-6-P 被转运到储存细胞的淀粉体中, 并进一步被转化为二磷酸腺苷葡萄糖（adenosine diphosphate, ADPG）, 后者经过淀粉合成酶、分支酶和脱支酶的作用聚合生成直链淀粉和支链淀粉（图 1-3）。也有研究发现, 在白天光照充足时, 瞬时淀粉会在叶绿体基质中被合成; 但在夜晚, 这些瞬时淀粉会被降解并转化为蔗糖, 并最终用于储存细胞中淀粉的合成。

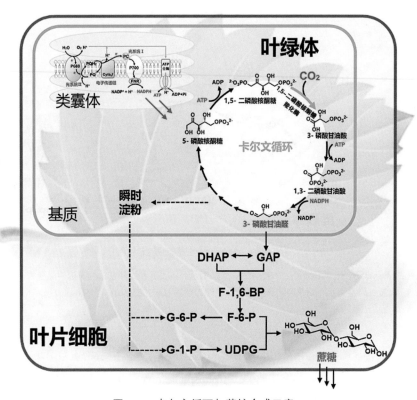

图 1–2　卡尔文循环与蔗糖合成示意

注: DHAP 表示磷酸二羟基丙酮（dihydroxyacetone phosphate），G-6-P 表示葡萄糖 -6- 磷酸（glucose-
6-phosphate），F-6-P 表示果糖 -6- 磷酸（fructose-6-phosphate），UDPG 表示尿苷二磷酸葡萄糖
（uridine diphosphate glucose），F-1, 6-BP 表示果糖 -1, 6- 二磷酸（fructose-1, 6-bisphosphate）。

二、人工生物固碳系统

　　自然合成淀粉是一个非常复杂精妙的过程，但同时也存在很多局限。
比如，由于在自然光合作用中太阳能到最终生物质的转化效率比较低（高
等植物的平均能量效率只有约 1%），加上卡尔文循环中关键酶加氧酶的催
化活性非常低，且会催化加氧的副反应；此外，植物中淀粉的合成受到转
录水平、翻译水平和代谢水平的复杂调控。这些限制都导致目前尝试提高

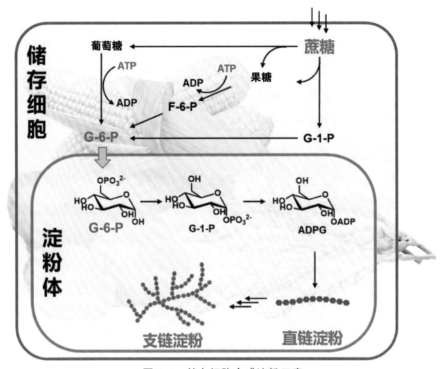

图 1–3 储存细胞合成淀粉示意

农作物淀粉合成能力的效果不是很显著。相对于改造结构复杂的自然生物系统，科学家也尝试在学习自然的基础上构建效率更高、组成更简单的人工生物固碳系统。

1. 人工光合系统

CO$_2$ 是一种化学性质稳定的惰性分子，其转化利用通常需要外界的能量输入。植物、藻类等光合生物利用光系统 I 和光系统 II 将太阳能转化为 NAD（P）H 和 ATP，用于 CO$_2$ 的固定和转化。在自然光合作用中，从太阳能到最终生物质的转化效率比较低（高等植物的平均能量效率只有约1%），如何提高光合系统的能量转化效率是科学界面临的重要挑战。以中国科学院生物物理研究所常文瑞院士为代表的多个研究团队在解析光系统复合体结构方面作出了重要贡献，为理解光合作用中能量传递与转化的分子机制奠定了关键基础，也为创建人工光合系统提供了重要依据。

区别于改造结构复杂的光系统，科学家也在尝试构建能效更高、组成更简单的化学－生物杂合的人工光合系统。中国科学院大连化学物理研究所李灿院士团队首先将光系统Ⅱ和人工半导体纳米光催化剂自组装，构建了光催化全分解水杂化体系，是国际上第一次在自然和人工光合杂化体系上实现太阳能全分解水制氢。美国田纳西大学巴里（Barry）研究组将蓝细菌来源的光系统Ⅰ蛋白与纳米铂（Pt）粒子组装在一起，构建了光催化产氢杂化体系，并实现了长时间稳定的产氢活性。除此之外，科学家还尝试将化学光／电催化剂与生物酶或细胞系统杂合用于转化 CO_2 合成多种化学品。韩国科学技术院帕克（Park）研究组构筑了光电化学 Z - 图式（Z-scheme）体系，利用水氧化传递的电子在阴极将 NAD^+ 还原成 NADH，后者进一步被甲酸、甲醛、甲醇脱氢酶用来还原 CO_2 生产甲醇。2012 年，詹姆斯·廖（James Liao）将电化学还原系统和生物细胞转化系统耦合，CO_2 首先被电还原为甲酸，后者进入生物系统为利用甲酸的甲基营养菌提供碳元素和还原力，实现利用电能固定 CO_2 生产异丁醇、3- 甲基正丁醇等生物燃料（图 1-4）。

美国加州大学伯克利分校的杨培东团队成功构建了纳米线－细菌的杂合体系。在这一系统中，太阳能首先被转化为电子，并通过纳米线传递给产卵形孢子菌（*Sporomusa ovata*）用于固定 CO_2 合成乙酸，乙酸进一步被大肠埃希菌转化为正丁醇、聚 β - 羟丁酸以及药物前体等。该团队还通过在细菌表面沉积硫化镉纳米颗粒的方式，将化能自养型的热醋穆尔氏菌改造为光能自养型生物，在实验室条件下其最高能量转化效率可达 2.44%。电子科技大学夏川课题组、中国科学院深圳先进技术研究院于涛课题组与

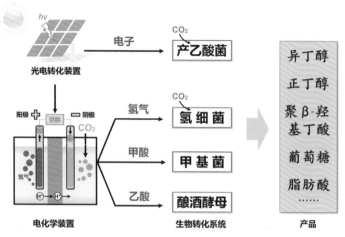

图 1-4　化学生物耦合的人工光合系统示意

中国科学技术大学曾杰课题组联合通过耦合电化学和生物转化过程，实现 CO_2 电还原先后合成一氧化碳和乙酸，乙酸被遗传改造后的酿酒酵母细胞转化为葡萄糖和脂肪酸。

美国哈佛大学诺塞罗（Nocero）团队将电解水产氢装置与生物氢细菌系统偶联，实现固定 CO_2 生产多种化学品。该系统与光伏装置耦合后，从太阳能到生物质的能量转化效率可以达到 10%，远高于自然植物。人工光合系统在提高能量转化效率方面展现了超越自然的巨大潜力，但是由于其主要依赖自然的固碳酶或固碳途径，固碳速率仍然比较低。如何提高 CO_2 的转化速率将是另一重大挑战。

2. 人工固碳系统

在光合生物中，CO_2 主要通过卡尔文循环进行固定和转化。该途径中直接参与固定 CO_2 的酶为核酮糖 -1, 5- 二磷酸羧化酶 / 加氧酶，同时它也是整个循环的限速酶。高等植物和蓝细菌中的加氧酶具有 8 个大亚基和 8 个小亚基，结构非常复杂，且会催化加氧的副反应。这也导致几十年来人们对加氧酶分子的改造十分困难。目前，最成功的案例是中国科学院微生物研究所李寅团队通过建立高通量的筛选方法将来源于聚球藻 PCC7002 的加氧酶固定 CO_2 的比酶活提高了 85%，但是这一突变体在生物体内并没有展现出相应的优势。这也从侧面说明了固碳系统的复杂性。自然界中已发现的天然固碳途径共有 6 种，除卡尔文循环外，还有 3- 羟基丙酸双循环、还原乙酰辅酶 A 途径、还原性（逆向）三羧酸循环、二羧酸 /4- 羟基丁酸循环和 3- 羟基丙酸 /4- 羟基丁酸循环。这些天然固碳途径存在步骤多、速率低或严格厌氧等缺点。

德国马克斯·普朗克研究所的阿伦·巴 – 伊文（Arren Bar-Even）等最早提出设计超越自然的人工固碳途径的想法，并从 5000 多个生化反应中计算出一系列非天然的合成固碳途径。作者预测这些人工设计的固碳途径可能比自然途径更具有固碳潜力，并将人工途径的设计分为 5 个层次：①已知的自然途径；②已知途径的复制粘贴；③已知反应和已知酶重新组合；④基于已知反应和未知酶的新途径；⑤基于未知反应的新途径。

固定 CO_2 是自养生物的重要特征，实现异养生物的自养固碳生长一直是重大的挑战。以色列科学家罗恩·米洛（Ron Milo）将卡尔文循环复制粘贴到异养大肠埃希菌中，以丙酮酸作为能量供体，实现大肠埃希菌部分固定 CO_2 合成糖类中间代谢产物；随后，该团队对该菌进行 350 天的连续定向驯化，在基因组上累积 11 个关键突变后，首次实现异养大肠埃希菌固定 CO_2 自养生长。澳大利亚马特诺维奇（Mattanovich）团队通过添加 8 个异源基因和敲除 3 个天然基因，成功将巴斯德毕赤酵母甲醇同化途径改造成 CO_2 固定途径，将异养型的巴斯德毕赤酵母改变为自养型酵母。天然固碳途径在异养生物中的成功"复制"将极大增加固碳底盘选择的多样性。

科学家也在尝试将已知的反应和酶重新组合创建全新的人工固碳途径。德国马克斯·普朗克陆地微生物研究所托拜厄斯 J. 厄尔伯（Tobias J.

Erb）课题组利用具有已知最高催化活性的羧化酶——巴豆烯酰辅酶 A 羧化酶 / 还原酶替代加氧酶作为途径设计的起点，设计并组装了一条自然界中不存在的第七条固碳途径——巴豆烯酰辅酶 A/ 乙基丙二酰辅酶 A / 羟基丁酰 - 辅酶 A 途径（crotonyl-CoA/ethylmalonyl-CoA/hydroxybutyryl-CoA cycle，CETCH），展现了比天然卡尔文循环更高的转化效率（图 1-5）。该团队进一步将从菠菜中提取的叶绿体膜和 CETCH 途径耦合，并利用纳米微流控技术合成了细胞大小的液滴。这些液滴可以作为叶绿体吸收太阳能并固定 CO_2。德国马克斯·普朗克分子植物生理学研究所巴伊文团队和韩国科学技术院李相烨（SangYup Lee）团队将还原乙酰辅酶 A 途径和丝氨酸循环在大肠埃希菌中进行耦合，创建了还原甘氨酸途径，分别实现了大肠埃希菌以甲酸和 CO_2 为碳源进行生长。中国科学院微生物研究所李寅研究员团队设计了只有 4 步反应的人工固碳途径（PYC-OAH-ACS-PFOR，POAP），远比卡尔文循环简单，这也是目前已知的最短的固碳循环（图 1-5）。

　　人工酶元件的开发进一步拓展了人工固碳途径设计的边界。中国科学院生物物理研究所王江云团队通过在荧光蛋白中引入非天然氨基酸改造发色团并突变相邻氨基酸的策略，成功构建新的光敏蛋白 2（photosensitive protein 2，PSP2），进一步在 PSP2 上连接电化学还原催化剂，新构建的杂合蛋白在光照条件下可以将 CO_2 还原成一氧化碳。该团队与中国科学技术大学田长麟课题组合作，在 PSP2 上连接两个铁硫簇基团，实现利用光照将 CO_2 还原成甲酸。这些人工酶有望用来构建直接利用光能的人工固碳途径。美国华盛顿大学大卫·贝克（David Baker）研究团队对苯甲醛缩合酶的催化中心进行理性设计，构建了人工甲醛缩合酶（formolase，FLS），并以 FLS 为基础构建了将甲酸转化成磷酸二羟基丙酮的甲醛缩合酶途径。中国科学院天津工业生物技术研究所江会锋团队通过设计开发羟基乙醛合酶和乙酰磷酸合酶两个人工酶元件，创建了人工乙酰辅酶 A（synthetic

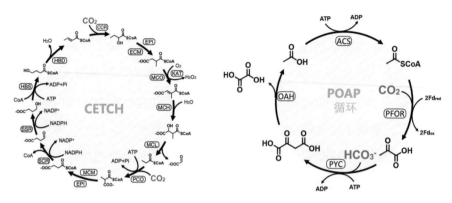

图 1-5　人工固碳途径 CETCH 和 POAP 示意

注：PCO 表示丙酰辅酶 A 氧化酶（propionyl-CoA oxidase），MCM 表示甲基丙二酰辅酶 A 变位
酶（methylmalonyl-CoA mutase），EPI 表示差位异构酶（epimerase），SCR 表示琥珀酰辅
酶 A 还原酶（succinyl-CoA reductase），SSR 表示琥珀酸半醛还原酶（succinic semialdehyde
reductase），HBS 表示 4- 羟基丁酰辅酶 A 合成酶（4-hydroxybutyryl-CoA synthetase），HBD
表示 4- 羟基丁酰辅酶 A 脱水酶（4-hydroxybutyryl-CoA dehydratase），CCR 表示巴豆烯酰辅
酶 A 羧化酶 / 还原酶（crotonyl-CoA carboxylase/reductase），ECM 表示乙基丙二酰基辅酶 A
变位酶（ethylmalonyl-CoA mutase），MCO 表示甲基琥珀酰辅酶 A 氧化酶（methylsuccinyl-
CoA oxidase），MCH 表示中康酰辅酶 A 脱水酶（mesaconyl-CoA hydratase），MCL 表示甲基
丙二酰辅酶 A 裂解酶（methylmalyl-CoA lyase），ACS 表示乙酰辅酶 A 连接酶（acetate-CoA
ligase），PFOR 表示丙酮酸合酶（pyruvate synthase），PYC 表示丙酮酸羧化酶（pyruvate
carboxylase），OAH 表示草酰乙酸乙酰水解酶（oxaloacetate acetylhydrolase）。

acetyl-CoA，SACA）途径。和自然固碳途径相比，SACA 途径具有反应步
骤少、驱动力强等优点。

三、人工合成淀粉

在农作物中，淀粉的合成需要多种细胞和细胞器参与，CO_2 在叶绿体
中由卡尔文循环转化生成 3- 磷酸甘油醛，后者在叶片细胞的细胞质中被转
化为蔗糖，并被转运到储存细胞的细胞质中，被转化为 6- 磷酸葡萄糖，后
者再被转运并最终合成淀粉。对天然合成淀粉途径的改造包括增加淀粉前

体供给和淀粉合酶表达、阻断淀粉降解等策略，但是由于植物中淀粉合成过程的调控非常复杂，目前的改造策略有限。中国科学院上海高等研究院赵权宇团队利用微藻生长周期短的优势，开发了基于微藻的两段式发酵工艺，将 CO$_2$ 到淀粉的生产强度提高到 12mg/（L·h）。

美国国家航空航天局（National Aeronautics and Space Administration，NASA）早在 1972 年就提出利用多酶系统来构建以 CO$_2$ 为原料的人工合成淀粉路线，希望借此减少对空间的依赖，缩短淀粉生产周期，但是失败了。2013 年，美国弗吉尼亚理工大学张以恒团队利用纤维素降解与合成淀粉的关键酶组装成纤维素到淀粉的人工合成系统，使农业秸秆转化为食物成为可能，但不能以 CO$_2$ 为原料合成淀粉。2018 年，NASA 再次提出利用 CO$_2$ 合成葡萄糖的"百年挑战计划"，旨在非地环境下生产人类生存和生活所必需的食物、燃料、材料等物资。美国加州大学伯克利分校的杨培东院士团队利用化学聚糖反应将 CO$_2$ 转化为四碳到六碳的单糖混合物，但尚未实现 CO$_2$ 到复杂淀粉分子的定向合成。

研究内容及成果

既然可以设计出更高效、更简单的人工光合固碳系统和人工固碳途径，那么是否可以不依赖植物生成淀粉呢？本研究在学习淀粉自然合成化学原理的基础上，提出了化学 - 生物耦合的合成淀粉新思路，引入能效更高、速率更快的光电转化、电解水和化学还原过程，分别替代叶绿体能量转化和卡尔文循环的固碳功能。基于化学 - 生物耦合的思路，本团队利用计算机设计途径，从 6568 个反应中获得两条最简洁的人工合成淀粉路径（理论上，CO$_2$ 仅通过 9 步核心反应即可合成淀粉）。

人工合成淀粉途径从虚拟走向现实的一大挑战：天然途径经过长期进

化选择,各个部分都能够很好地适配协作,而人工设计的途径却未必如此。为了解决人工途径中的适配问题,本团队借鉴了软件编程中模块化的理念,把整条途径拆分成了 4 个反应模块,通过模块的组装、重设计、再组装的循环,解决了计算途径中存在的热力学不匹配、动力学陷阱和副产物抑制等问题,获得了一条包含 11 步核心反应的人工合成淀粉途径 1.0(图 1-6)。

随后,通过分析发现 1.0 版本存在明显的限速步骤。比如,自然界中的 FBP 会受到系统能量水平变化的调控,当 ATP 水平不足时,FBP 的活性被抑制,进而限制淀粉的合成。这样的调控逻辑可以保障细胞内物质合成与能量代谢的平衡,但是不利于人工淀粉的合成。因此,我们利用蛋白质工程的方法对 FBP 的调控位点进行突变改造,解除了能量水平的调控。

除此之外,本研究还对途径中的 FLS、AGP 进行了改造,分别提高了它们的催化活性和 ATP 竞争能力。通过对这 3 个限速步骤的改造,本研究

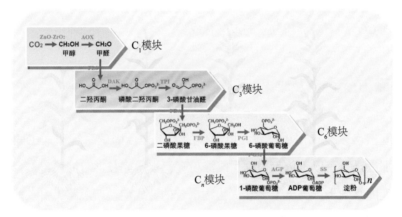

图 1-6　人工合成淀粉途径 1.0 示意

注:AOX 表示醇氧化酶(alcohol oxidase),DAK 表示二羟丙酮激酶(dihydroxyacetone kinase),TPI 表示磷酸三糖异构酶(triose-phosphate isomerase),FBA 表示果糖 -1, 6- 二磷酸醛缩酶(fructose-1, 6-bisphosphate aldolase),FBP 表示果糖 -1, 6- 二磷酸酶(fructose-1, 6-bisphosphatase),PGI 表示磷酸葡萄糖异构酶(phosphoglucose isomerase),PGM 表示磷酸葡萄糖变位酶(phosphoglucomutase),AGP 表示腺苷二磷酸葡萄糖焦磷酸化酶(ADP-Glc pyrophosphorylase),SS 表示淀粉合酶(starch synthase)。

构建了 2.0 版，合成淀粉速率比 1.0 版提高了 7 倍多。

之后，本团队进一步在 2.0 版上整合催化 CO_2 加氢反应的 ZnO-ZrO₂ 化学催化剂，构建了人工合成淀粉途径 3.0 版。为了获得更高的淀粉合成速率，本团队开发了时空分离的策略，将化学反应和生物反应进行空间分离，并将内部生物反应进行时间分离，使淀粉的合成速率比 2.0 版提高了近 20 倍，进一步引入淀粉分支酶，实现了直链和支链的定向合成（图 1-7）。通过与光伏和电解水产氢装置的联用，人工合成淀粉途径可以像植物一样利用阳光、水和 CO_2 合成淀粉，并且淀粉合成速率和理论能量转化效率分别是玉米淀粉的 8.5 倍和 3.5 倍。

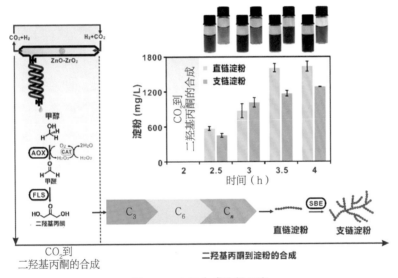

图 1-7　人工合成淀粉示意

注：CAT 表示过氧化氢酶（catalase），SBE 表示淀粉分支酶（starch branch enzyme）。

■ 展望

人工合成淀粉尚处于从 0 到 1 的实验室概念证明阶段，要想实现从 1

到 100 的工业化应用还需要克服多个科技瓶颈和挑战。就像其他变革性技术一样，人工合成淀粉从实验室走向产业化也离不开相关科学领域和产业的发展，如能源产业。近期，德国弗劳恩霍夫太阳能系统研究所开发的砷化镓光伏电池在单色光下获得了 68.9% 的创纪录的光电转化效率；中国科学院合肥物质科学研究院有"人造太阳"之称的全超导托卡马克核聚变实验装置（"东方超环"）创造了全新的世界纪录——1.2 亿摄氏度运行 101s。这些技术的进步将大幅度降低能源成本，推动人工合成淀粉的大规模工业化应用。

如果通过工业车间的方式生产淀粉具有经济可行性，不仅对未来的农业生产，特别是粮食生产具有革命性的影响，而且对全球生物制造产业的发展具有里程碑式的意义。在农业方面，按目前人工淀粉的合成速率计算，预期可以节省 90% 的土地和淡水资源、减少农药、化肥等对环境的负面影响，并从根本上解决生物制造产业与民争粮的难题，助力我国粮食安全战略。在工业方面，人工合成淀粉技术的发展将大幅度提高 CO_2 的固定和转化效率，有望建立不依赖石化资源的化学品制造模式，与绿色能源技术共同推动形成以 CO_2 为原料的低碳化工路线，服务我国"双碳"目标。

值得一提的是，探索浩瀚宇宙一直是人类追求的梦想，但食物等物资的循环供给限制了人类探索宇宙的距离和时间。在太空舱等封闭的环境下，人工合成淀粉的时空效率具有比种植农作物高 3 ～ 4 个数量级的潜力。合成的淀粉进一步被转化为蛋白质、油脂、维生素，甚至其他可作为材料和燃料的化合物，后者经过消化、降解、燃烧等过程再次被转化为 CO_2，形成类似地球生物圈的碳元素循环系统，为人类太空活动提供必需的物资。

脊椎动物从水生到陆生演化的遗传创新机制

王 堃 王 文

引 言

在《庄子·秋水》篇中，中国古代哲学家提出了"子非鱼，安知鱼之乐"这一经典论辩：你不是鱼，怎么能理解鱼的快乐！而现在我们知道，包括人类在内的陆生脊椎动物的祖先在数亿年前正是以鱼的形态存在。这些生活在寒武纪的共同祖先留下了无数的后代，现存物种超过 6 万种，是地球上多样性最高的类群之一。例如，现生体形最大的脊椎动物是蓝鲸，重量可达 100t；体形最小的脊椎动物是胖婴鱼，成体体长只有 8.4mm。那么，我们的祖先如何从远古鱼类演变成如此丰富的类群？我们人类自身的形态又是如何一步步出现的？

■ 研究背景

脊椎动物是脊索动物门的重要成员。除了脊椎动物，脊索动物目前只有两个现存类群，分别为头索动物（文昌鱼）和尾索动物（海鞘）。相对于非脊索动物，脊索动物出现了一系列的创新，这些创新为脊椎动物的出现打下了基础。在这些创新中，最有代表性的是脊索。脊索是位于消化管和神经索之间的一个纵向灵活的杆，由大且充满液体的细胞组成，包裹在坚韧的纤维组织中。脊索动物也因此得名。脊索为躯体提供支撑，使躯体可以用肌肉进行游动。在大多数脊椎动物中，脊椎骨从脊椎动物中开始出现，脊椎骨包裹着脊髓，并接管了脊索的机械作用。在人体中，脊索发生退化，成为夹在脊椎骨之间的胶质盘的一部分。

脊椎动物分为无颌类和有颌类，大部分现生类群都集中于有颌类。尽管现生无颌类只有寥寥数种留存（集中于七鳃鳗和盲鳗），但古生物学家发现，从无颌类到有颌类之间存在大量的化石。这些化石表明，在远古时代，无颌类才是脊椎动物中的主流，但得以兴盛的却是有颌类这一"异类"。有颌类的之所以得以成功，离不开其强有力的下颌。这使它们从志留纪晚期开始，在海洋中称霸至今。而下颌则来自鳃弓的演变。鳃弓是围绕鳃的骨骼结构。在现代人类中，鳃裂转化为耳朵的一部分、腺体和其他结构。有颌类又分为软骨鱼纲和硬骨鱼纲。软骨鱼包括鲨鱼和鳐，它们的骨骼全部由软骨组成，现存约 900 个物种。硬骨鱼可以分为辐鳍鱼和肉鳍鱼，其中的代表性类群分别为真骨鱼类（超过 2 万种）和四足类（超过 3 万种）。

辐鳍鱼是硬骨鱼类的一大分支，因鱼鳍呈辐射状而得名。其中，演化最为成功的是真骨鱼类。我们通常所见到的鱼类大多为真骨鱼类。真骨鱼类形成于三叠纪，它们的共同祖先经历了一次独特的全基因组加倍事件，赋予了它们强大的适应能力，最终真骨鱼演化为包含 2 万多个物种、覆盖地表乃至深海各大水系的类群，成为地球水域的征服者。相对于高度分化的、"高等"的真骨鱼类，辐鳍鱼中的其他属种被称为基部辐鳍鱼。

辐鳍鱼类并不处于脊椎动物登陆的直接演化道路上，而与鱼类登陆直接相关的四足形类肉鳍鱼则早已淹没在演化史的长河中。幸运的是，上述的基部辐鳍鱼还保留着一些与这些先遣队类似的生物学特征。塞内加尔多鳍鱼又称作"恐龙鳗"或者"恐龙鱼"，由于它们最早在非洲被发现，长着锯齿状的背鳍，且形态上与鳗有些相似，所以一度有此称呼。但是这种称呼并不准确，因为它们既不是鳗，也与恐龙无关。多鳍鱼的身体结构拥有一些原始形态，经常与鲟、弓鳍鱼、雀鳝等一起，不太严谨地被统称为"远古鱼类"。多鳍鱼有原始的肺，可以脱离水面存活一段时间，并可以在溶氧量极低的环境中通过背部的喷水孔呼吸空气。此外，多鳍鱼也与空棘鱼相似，拥有肉质柄的胸鳍，这可以帮助它们在水底爬行。多鳍鱼因具有基部辐鳍鱼类独特的生物学特性和演化地位，吸引着众多科学家对它们进行研究。

脊椎动物的登陆正是发生在四足动物的共同祖先中。脊椎动物登陆事件发生于泥盆纪时期（4亿年前），也是脊椎动物演化史上的一次巨大飞跃，需要脊椎动物在呼吸系统、运动系统和神经系统等诸多方面进行系统革新，从而适应从水生到陆生环境的改变。因四足动物发生的改变实在太大了，我们也不将其称为鱼类。但从系统发育关系来看，四足动物确实属于肉鳍鱼的一个分支。现存肉鳍鱼中不属于四足动物的，有两个类群，分别是空棘鱼和肺鱼。空棘鱼纲曾一度被认为已在白垩纪末期灭绝，只有化石存在。但在1938年，M. 考特尼 – 拉蒂迈（M. Courtenay-Latimer）在一艘渔船捕获的鱼中发现了现生的空棘鱼，后被命名为拉蒂迈鱼。它与数亿年前的化石空棘鱼类有着十分相似的形态，在当时轰动了全世界，并有"活化石"之称。2013年，空棘鱼基因组在《自然》（*Nature*）杂志上发表。这一研究发现了许多四足动物特有的以及和空棘鱼共有的遗传变异；同时，还发现了和四足动物亲缘关系最近的现生物种是肺鱼。肺鱼现存非洲肺鱼、美洲肺鱼和澳洲肺鱼3个科。空棘鱼和肺鱼作为接近四足动物但未成功登陆的类群，被称作基部肉鳍鱼。

长期以来，对基部辐鳍鱼类和肉鳍鱼类这些"活化石"鱼类的基因组一直缺乏系统的研究，特别是肺鱼拥有已知脊椎动物中最大的基因组（40Gb以上），分析难度极大。因而，硬骨鱼祖先到肉鳍鱼祖先再到陆生脊椎动物演化历程中的遗传创新机制这一重大科学问题始终没有得到很好的解答。

■ 研究目标

本研究以基部辐鳍鱼类和基部肉鳍鱼类为锚点，从两个方向解读脊椎动物如何登陆：①四足类祖先在登陆的过程中发生了怎样的改变？②四足类祖先相对于更为古老的类群有什么特殊之处？这两个方向的共同研究目标：我们人类在 4 亿年前介于登陆和未登陆之间的祖先到底有怎样的形态？

理解我们的祖先具有怎样的表型和遗传基础，有助于理解我们是如何从远古鱼类转变为现在的形态的，进而有助于理解复杂器官的起源，以及特殊适应性（如陆地适应）背后的机制。而解析复杂器官的起源，则对于人造器官、基础疾病背后的原理有很大帮助，最终将服务于人民的生命健康。

■ 研究内容

本研究的主要内容可以划分为 3 点：①解析四足动物相对于基部肉鳍鱼在遗传上的改变；②解析肉鳍鱼相对于硬骨鱼以及有颌类祖先所发生的改变；③将这些遗传改变与古生物学的研究相结合，揭示脊椎动物登陆过程中的关键遗传学改变以及对应的表型进化事件。在这些研究中，创新点和关键点在于如何解析如此宏观尺度下的遗传学改变。无论是四足动物还是硬骨鱼类的共同祖先，距今都有近 4 亿年的演化历史。它们在今天的后代上的遗传变异十分复杂，其中有与表型演变相关的遗传学改变，也有中性演变造成的随机突变，这些突变难以分辨。在这样的尺度上，传统的遗传学手段往往无能为力。我们的研究表明，解决方法有两个：第一，需要在大数据分析方法上进行突破，以大数据分析为基础，建立适合的算法解析宏进化尺度上的关键遗传学改变；第二，要和古生物学相结合，利用交叉学科的手段将遗传学改变和表型上的改变相结合。这两点也正是本研究的突破性和前瞻性内容。这些结果于 2021 年 3 月在《细胞》（*Cell*）杂志以封面故事的形式发表了两篇论文。

■ 研究成果

1. 基部辐鳍鱼——脊椎动物登陆的"前夜"

在这一工作中，本团队对 4 个基部腹鳍鱼物种：多鳍鱼、匙吻鲟、弓鳍鱼和鳄雀鳝，分别构建了高质量的基因组，并厘清了它们在硬骨鱼中的系统发育关系（图 2-1）[1]。此外，通过重建脊椎动物染色体的演化历史，本团队发现，基部腹鳍鱼相对于真骨鱼更加类似于四足动物。这一发现也表明，基部腹鳍鱼确实在很大程度上保留了脊椎动物演化早期的特征。

脊椎动物在从水生到陆生的演化过程中有许多障碍需要克服，其中两个最重要的问题是如何在不凭借水体浮力的情况下支撑身体进行运动，以及如何从呼吸水中的氧转变为呼吸空气中的氧。

现生物种和灭绝物种的骨骼比较结果表明，包括人在内的四足动物的"大臂"（肱骨）与远古鱼类胸鳍的后鳍基骨同源，但这块骨头却在随后演化出的真骨鱼类中丢失。[2, 3] 本研究对有颌类基因组中与四肢发育相关的调

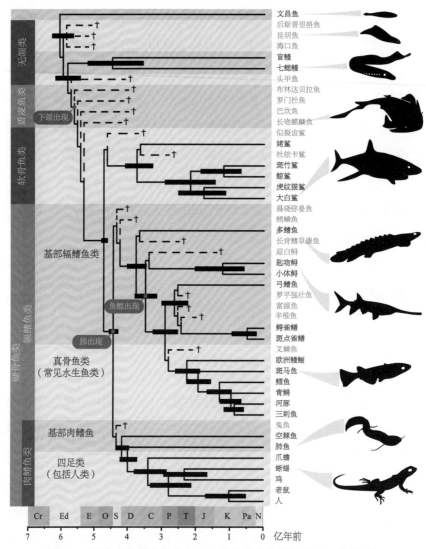

图 2-1　脊索动物现存物种和已灭绝物种的亲缘关系以及分歧时间

注：树中的实线枝长表示软件预测的物种间分歧时间，节点处黑色矩形表示预测的分歧时间的 95%
置信度区间；"†" 符号表示该物种已灭绝但存在化石记录，虚线表示的枝长代表该物种存在化石
记录的时间；下颌、肺以及鱼鳔的第一次出现都在树中对应的节点进行标记；时间对应的地质
时期在底部展示，Cr 表示成冰纪（Cryogenian），Ed 表示埃迪卡拉纪（Ediacaran），E 表示寒武纪
（Cambrian），O 表示奥陶纪（Ordovician），S 表示志留纪（Silurian），D 表示泥盆纪（Devonian），C
表示石炭纪（Carboniferous），P 表示二叠纪（Permian），T 表示三叠纪（Triassic），J 表示侏罗纪
（Jurassic），K 表示白垩纪（Cretaceous），Pa 表示古近纪（Paleogene），N 表示新近纪（Neogene）。

控区域进行扫描，发现在陆生脊椎动物和远古鱼类中存在一个相同的增强子［即脱氧核糖核酸（deoxyribonucleic acid）DNA 上一小段可与蛋白质结合的区域，与蛋白质结合之后，基因的转录作用将会加强］，这一极端保守的增强子可以调控下游 *Osr2* 基因在滑膜关节的表达（图 2-2）。[4] *Osr2* 与滑膜关节的形成相关，并能增加四肢运动的灵活性。[5, 6] 多鳍鱼胸鳍再生实验以及原位表达分析结果证实，该基因主要在后鳍基骨与鳍条的连接处表达，这一区域对应四足物种里的滑膜关节结构。而真骨鱼基因组则丢失了这一增强子，与此对应的后鳍基骨及连接的滑膜关节也在真骨鱼的演化过程中丢失。这一结果提示，滑膜关节使骨关节之间能灵活转动。这在鱼鳍到四肢演化的过程中，为提高运动灵活性贡献了一个关键结构。

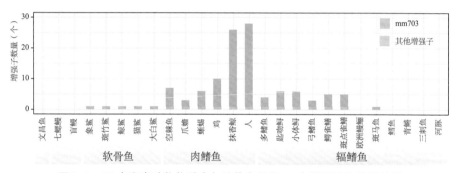

图 2-2　25 个脊索动物物种中与肢体有关的 40 个增强子的注释结果

注：mm703 增强子（黄条展示）起源于有颌类脊椎动物出现后，在肉鳍鱼、四足动物和基部辐鳍鱼中保存下来。

嗅觉感受器是感受化学分子刺激，再将之转换成嗅神经冲动信息的细胞。本研究比较基因组学的分析发现，在这些远古鱼类的嗅觉感受器中同时存在着两种类型的嗅觉受体，除了具有鱼类都拥有的检测水溶性分子的嗅觉受体，还具有能够检测空气分子的嗅觉受体（图 2-3），这与它们在空气中呼吸的能力相一致。[7, 8] 与此同时，对多个物种跨物种的原始肺的转

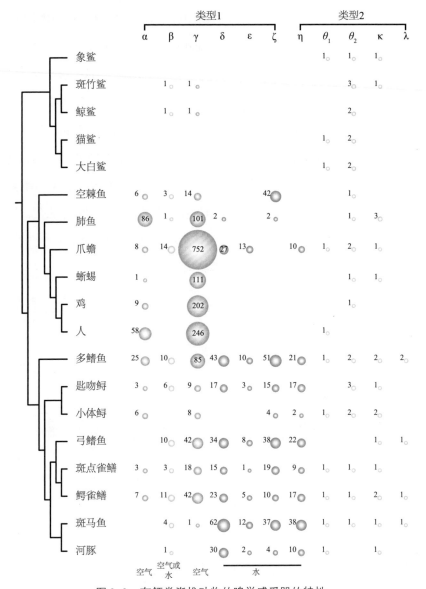

图 2-3　有颌类脊椎动物的嗅觉感受器的特性

注：黄色圆圈表示检测空气分子的嗅觉受体，蓝色圆圈表示检测水溶性分子的嗅觉受体；圆圈的
　　大小表示完整的嗅觉受体基因的数量，圆圈越大表示数量越多。

录组的分析结果显示，在远古鱼类的原始肺中高表达的基因显著富集在血管新生通路（图2-4），这些血管可以协助氧气在肺部扩散，这也解释了为何这些远古鱼类的肺或者鱼鳔表面密布血管。另外，一些在肺特异性表达的基因在软骨鱼的祖先中就已经出现，这也暗示着"原肺"形成的分子基础在鱼类登陆前就已建立。值得一提的是，这一研究还充分利用基因的表达信息，不仅证实了达尔文提出的肺和鱼鳔是同源器官的假说，也证明了现代鱼类的鳔是从脊椎动物早期的肺演化出来的[9, 10]。

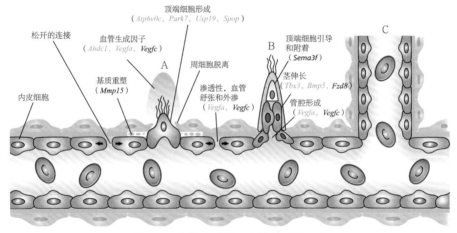

图2-4　血管生成的3个连续步骤示意

注：A.1个内皮细胞和1个顶端细胞被选择，以确保血管分支的形成；B.顶端细胞响应引导信号进行引导并黏附在细胞外基质上进行迁移，与此同时，柄细胞增殖并伸长；C.相邻的分支融合，形成一个新的血管；在这3个过程中，可以进行空气呼吸物种的肺中有11个高表达的基因参与，图中蓝色基因表示该基因属于表达量最高的50个基因之一。

在脊椎动物演化过程中，心脏和呼吸系统的协同演化发挥着重要作用。呼吸系统为正常心脏功能的维持提供氧气，同时依赖心脏将携带氧气的血液运输到全身。从鱼类的一心房一心室到人的两心房两心室，心脏结构趋向于完善，而功能也变得更加复杂。[11]动脉圆锥位于心脏流出通道的上部并与右心室接壤，作为心脏活动的辅助器官，它可以防止血液逆流和平衡心室血压。软骨鱼和远古鱼也存在动脉圆锥这一结构。[12, 13]基因组共线性分析的结果表明，与心脏系统相关的基因在人类和多鳍鱼之间保留了非常保守的共线性关系，说明这些基因也保留了相当保守的调控机制[14]。这一研究还首次找到了一个调控 *Hand2* 基因的保守调控元件（图 2-5）。本团队对小鼠基因组中该调控元件进行靶向删除，发现新出生的突变小鼠在早期胚胎发育中，由于右心室 *Hand2* 基因表达量降低，导致心脏发育不全和先天性死亡（图 2-6）。之前有报道称，*Hand2* 基因的功能突变会导致法洛四联症（一种常见的先天性心脏畸形）的发生，而这一保守调控元件的发现不仅提供了新的遗传病检查位点，也揭示了该基因的一种重要调控方式，将有助于人类对心脏发育缺陷的研究。[15]

以上研究发现说明，一些远古就已存在的基因调控机制为演化过程中新性状的出现提供了遗传基础，为后续的跨越式演化提供了重要的功能基础。

2. 基部肉鳍鱼——突破海洋的束缚

肺鱼是最接近成功登陆的类群之一。它们之所以被称作肺鱼，就是因为它们具有发达的肺，其中密布血管，能够直接呼吸空气。其中，非洲肺鱼能够在旱季进行夏眠，在脱离水的环境中存活数月乃至数年之久，直至丰水期重新活动[16]。因此，解析肺鱼在遗传层面上与四足动物的异同，对于理解肉鳍鱼类如何一步步登陆有重要意义。肺鱼的基因组十分特殊，它们的基因组大小为 40～130Gb，是人类的 10 倍以上。[17, 18]

使用单分子测序技术和改进的算法，本团队成功破译了非洲肺鱼的全部基因组信息[19]。肺鱼的基因数量与其他脊椎动物的类似，均为 2 万。研究表明，在人类基因组中，只有 11 个基因的长度超过了 1Mb，而在肺

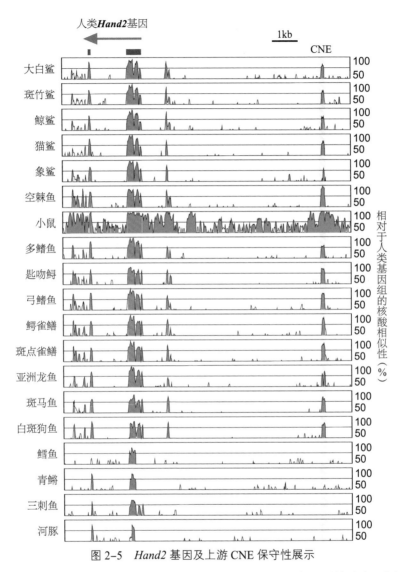

图 2-5   *Hand2* 基因及上游 CNE 保守性展示

注：图中显示，除新真骨鱼亚群以外，所有有颌类脊椎动物的 *Hand2* 基因上游都存在一个与心脏相关的非编码保守元件（conserved noncoding elements，CNE）；峰值表示与人类对应的序列保守程度，峰值高表示保守程度高；其中，黑色矩形表示基因外显子区，蓝色表示序列保守的外显子区，黄色表示序列保守的非编码区，箭头方向表示转录方向；*Hand2* 上游的 CNE 以淡黄色突出显示。

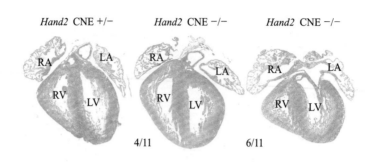

Hand2 CNE +/-　　Hand2 CNE -/-　　Hand2 CNE -/-

500μm　　　　　　更薄的右心室壁　　更小的右心室腔

图 2-6　小鼠胚胎期第 16.5 天（E16.5）苏木精 - 伊红染色的心脏横切面

注：*Hand2* CNE-/- 突变体的心脏显示右心室壁变薄，心肌减少以及右心室腔容量明显减少；底部的数字表示有缺陷的心脏数量和所有的心脏数量之比；细胞核用苏木精染成蓝色，细胞外基质和细胞质用伊红染成粉红色；+ 表示存在该元件，- 表示该原件被敲除；LA 表示左心房（left atrium），LV 表示左心室（left ventricle），RA 表示右心房（right atrium），RV 表示右心室（right ventricle）。

鱼中，有多于 5000 个基因的长度超过了 1Mb。然而，在基因表达上，肺鱼超长基因的表达量却和其他普通基因组没有显著性差异。这表明肺鱼有相应的机制来抵抗基因增长造成的负面影响。在脊椎动物中，另一个因基因组大而闻名的物种是蝾螈，其基因组大小超过 32Gb[20, 21]。本团队发现，蝾螈的不同重复序列比例和肺鱼有很大区别，表明它们是独立扩张的结果（图 2-7）[22]。尽管如此，这两个物种有一个共性，即逆转录转座子的一个关键功能结构域（RVT_1），在这两个物种中都有非常大的数量，暗示着它们的基因组之所以这么大，主要由逆转录转座子在数亿年的时间中不断自我复制所导致。[23] 有趣的是，本团队发现，一种和抑制逆转录子相关的关键结构域（KRAB），[24] 在大基因组中往往也有很高的数量（图 2-8）。这表明基因组是逆转录转座子及其抑制因素的一个战场，它们的动态平衡决定了一个基因组有怎样的大小。[25, 26] 总之，该基因组的破译使我们能够排除干扰，去理解肉鳍鱼类发生了哪些关键性的演化飞跃，

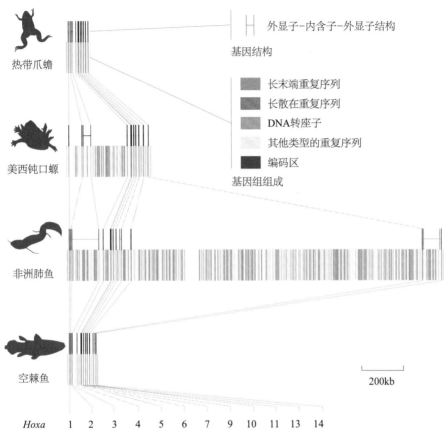

图 2-7　*Hoxa* 基因簇中的基因间隔和内含子的长度在不同的物种中独立增加示意

最终为登陆铺平了道路。

对于直接呼吸空气的生物，液体（血液）- 气体（空气）交界面对肺泡表面张力造成的影响是必须要解决的问题，[27] 肺表面活性剂对解决肺泡的表面张力具有十分关键的作用。[28] 肺表面活性剂主要由蛋白质和脂质构成，其中蛋白质对肺表面活性剂的生理性能起决定性作用[29, 30]。在陆地脊椎动物中，有 4 种肺表面活性剂蛋白，分别为 SP-A、SP-B、SP-C 和 SP-D。SP-B 是最为古老的蛋白，从硬骨鱼的祖先起源，标志着从硬骨鱼的祖先开始就初步具有空气呼吸能力；SP-C 从肉鳍鱼的祖先起源，代表

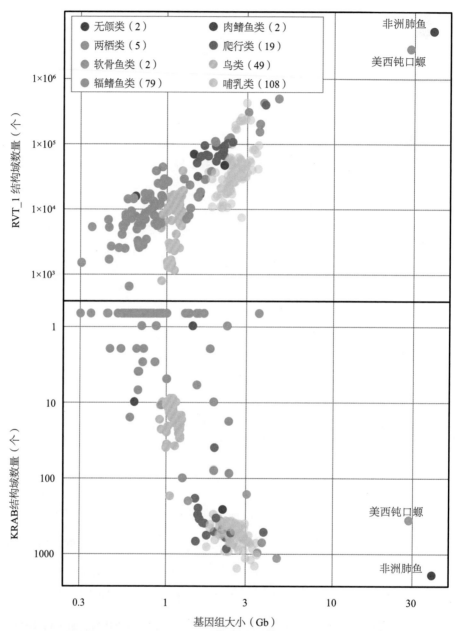

图 2-8　RVT_1 和 KRAB 结构域的数量与基因组大小的关系

注：不同分类群名称右边的数字表示图中该分类群的物种数量；RVT_1 和 KRAB 结构域的数量与
　　基因组大小呈正相关。

了肉鳍鱼的祖先呼吸能力增强了；[31] 而 SP-A 和 SP-D 从四足动物的祖先起源，标志着呼吸能力在陆生脊椎动物中的成熟。[32] 此外，*Slc34a2* 基因在肺表面活性剂磷脂质的循环利用方面具有关键性的作用。[33] 本团队发现，这一基因在肺鱼和四足动物的肺中高表达，而在辐鳍鱼类的肺中低表达（图 2-9）。而此前研究表明这一基因在斑马鱼类中主要在消化系统中表达，以提高磷元素的利用率。[34, 35] 因此，这一基因可能是在肉鳍鱼的祖先中被肺招募，从而进一步增强了其呼吸功能。

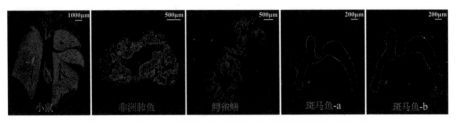

图 2-9　*Slc34a2* 在小鼠和非洲肺鱼的肺部以及在鳄雀鳝和斑马鱼的鱼鳔中的原位杂交分析结果

注：斑马鱼有两个 *Slc34a2* 的拷贝，此处分别展示两个基因拷贝的结果；红色区域表示 *Slc34a2* 基因的表达位置。

在从水生到陆生的演化过程中，脊椎动物运动系统的改变包含多个层面。其中最引人注目的是五指的形成，五指也是四足动物的标志性表型。[36] 此前，对五指的出现也有大量研究，被广泛接受的观点是在鱼类中，*Hoxa11* 和 *Hoxa13* 基因在四肢末端共同表达、出现鱼鳍性状；而在四足动物中，*Hoxa13* 在四肢的末端抑制 *Hoxa11* 的表达，出现五指的性状。[37] 结合肺鱼基因组数据，本团队在 *Hoxa11* 上游 200 碱基对左右处发现一个四足动物起源的保守非编码序列（图 2-10），可能是 *Hoxa13* 用以控制 *Hoxa11* 时空表达的关键元件。[38] 有趣的是，这一保守非编码序列在

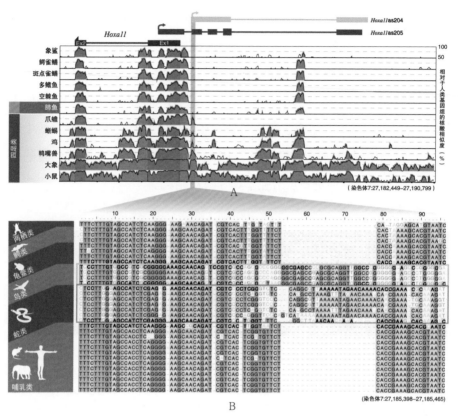

图 2-10　与手指起源可能相关的 CNE

注：A. *Hoxa11* 基因附近四足动物起源的 CNE 序列保守性图，其中黑色矩形表示基因外显子区，蓝色表示序列保守的外显子区，黄色表示序列保守的非编码区，四足动物起源的 CNE 用灰色突出显示，Ex1 表示 *Hoxa11* 的第一个外显子，Ex2 表示 *Hoxa11* 的第二个外显子，与该 CNE 重叠的两个 *Hoxa11* 的反义核糖核酸（antisense ribonucleic acid，as RNA）在图的上方用绿色图形展示，箭头方向表示转录方向；B. 四足动物起源 CNE 对应的序列比对，该 CNE 在蛇类和鸟类中出现较大变异。

蛇类和鸟类中出现了较大变异，这可能与蛇类四肢丢失和鸟类前肢特化为翅膀有一定的关系。

　　从鱼鳍到四肢的转变过程，最终造就了四足动物四肢的 3 个部分，也是尼尔·舒宾（Neil Shubin）在其著名科普作品《从鱼进化而来的你》（*Your inner fish*）中提到的：one bone，two bones，lots of bones，翻译为中文则是：一根骨头，两根骨头，许多骨头。[39]这3部分在上肢中分别对应着肱骨、桡骨尺骨和手上的许多骨头。有两个名为 *and1/2* 和 *and3* 的基因对于从鱼鳍到四肢的演化极为重要。[40]有趣的是，这两个基因在空棘鱼中都存在，在肺鱼中只有一个（*and1/2*），而在四足动物中则一个都没有。[41]这种渐进式丢失正好和鱼鳍到四肢的演变相吻合，即桡骨尺骨这两个骨头是从肺鱼和四足动物的共同祖先中起源[42, 43]。四肢动物的另一个创新是：它们出现了盆骨，使后肢可以和脊椎骨相连，整个身体的重量都可以落在后肢上。相对应的，四足动物控制腰椎的神经轴突也发生了扩大[44]。本团队在负责轴突发育的关键基因 *Hoxc10* 和 *Hoxd10* 附近发现了两个四足动物新起源的调控元件（图 2-11），并通过实验证明了它们可能起到增强子功能。这些遗传学上的改变可能对腰椎轴突的发育有一定帮助。[45]

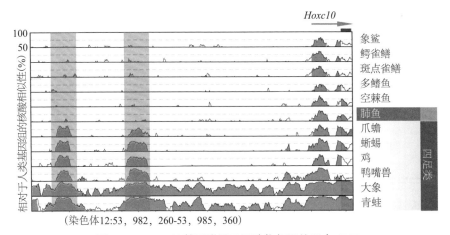

图 2-11 *Hoxc10* 基因附近四足动物起源的两个 CNE

注：黑色矩形表示基因外显子区，蓝色表示序列保守的外显子区，黄色表示序列保守的非编码区，箭头方向表示转录方向；四足动物起源的 CNE 用灰色突出显示。

　　在脊椎动物水生向陆生的转变过程中，大脑中最显著的改变发生在杏仁核区域，杏仁核是负责情绪处理的重要器官。在四足动物中，杏仁核开始具备基础的分区结构和更为复杂的连接。[46]此前有研究表明，肺鱼的杏仁核也与四足动物更为类似[47]。本研究还发现，与杏仁核相关的抗焦虑基因、神经肽 S 及其受体[48, 49]，正好在肺鱼和四足动物的祖先中出现（图 2-12）。此外，多个与杏仁核有关的基因在肺鱼和四足动物的祖先中出

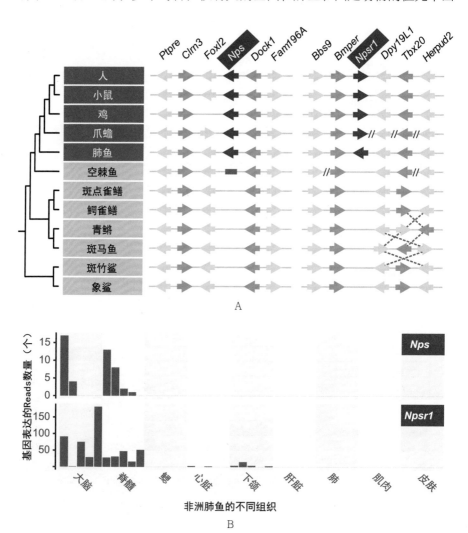

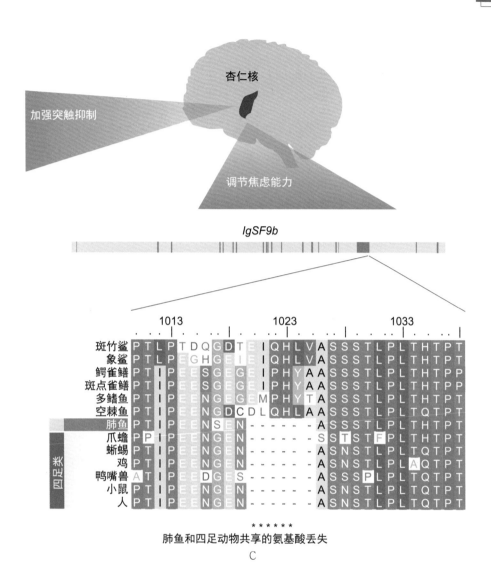

图2-12 与抗焦虑能力和杏仁核有关的基因改变

注：A.*Nps* 和 *Npsr1* 基因在脊椎动物中的共线性比对情况，黑色矩形代表存在前体序列；B. *Nps* 和 *Npsr1* 在非洲肺鱼 9 个组织中的表达情况；C. 杏仁核相关基因 *IgSF9b* 的氨基酸序列比对，图中上方灰色矩形展示了 *IgSF9b* 的基因结构，其中蓝色表示该基因的外显子区域，* 表示丢失的位置。

现了较大的氨基酸改变。这表明肺鱼和四足动物的祖先在抗焦虑方面可能具有更强的能力，这一能力的增强对脊椎动物的登陆可能具有一定的积极作用。

此外，本团队还对肺鱼的干旱休眠过程进行了研究。通过对多个肺鱼个体进行休眠处理和转录组测序，他们发现有 10 个基因在休眠个体的所有组织中都显著上调，其中 8 个都是热休克蛋白。这表明休眠过程属于一种应激状态，肺鱼需要对蛋白折叠等过程进行更好的保护，才能让它们度过干旱的季节。

总结

这些研究成果发表后，引起了国内外学术和公众媒体的广泛关注。美国科学院院士尼尔·舒宾在《当代生物学》（*Current Biology*）杂志上发表题为"演化：四足动物特有性状的遗传学深度根源"的评述，指出本团队的与脊椎动物登陆相关的研究成果"为脊椎动物水生到陆生演化过程的研究提供了关键的认知和长久期待的数据"。《科学》（*Science*）杂志发表评论称这些新成果带我们回溯到鱼类和四足动物转换的远古时刻。《自然遗传学综述》（*Nature Reviews Genetics*）杂志发表评论称，这些重要的资源将会加深人类对脊椎动物的演化和水陆转换的理解。瑞典皇家科学院院士佩尔·E. 阿尔伯格（Per E. Ahlberg）在《中国科学：生命科学》上撰文称赞这两项研究成果阐明了通过化石分析无法获得的关键演化历史，是比较基因组学分析的鼎力之作。《中国科学报》《中国青年报》、澎湃新闻、《文汇报》《遗传学》等大量媒体对此进行了报道。这批成果是弥合微观进化和宏观进化研究鸿沟的重大进步，标志性地成为人类深刻理解脊椎动物重大进化事件机制的重要成果，进一步促进我们理解人类从何而来，并从何而去，具有重要的科学和人文价值。

生物演化过程和人类历史一样，会留下种种让我们研究和还原的证据，有的是在远古地层和化石之中，有的就在现生生物（包括我们人类）的体内。正是因为这些证据的存在，我们才能推断人类从何而来，理解我们的身体和各个器官是如何适应现在的地球环境，如何具有现在的形态、结构和功能，从而理解人类自身之所以如此的形成过程，最终帮助我们抵达更远的未来。

发展前景和展望

对脊椎动物早期演化，尤其是登陆背后遗传机制的理解，不仅能帮助我们揭示生物多样性的格局和成因，回答"我们从何而来"这一古老的哲学问题，也具有重要的应用前景。例如，解析对于肺脏从无到有的机制，能够为人造肺提供新的思路；解析脊椎动物普遍存在的肢体再生能力在哺乳动物中的丢失，或许能够对人体的创伤修复提供解决方法；解析从鳃弓到面颈部进行的演变，能够加深我们对从分子层面控制骨骼发育的理解；等等。

参考文献

[1] Bi X, Wang K, Yang L, et al. Tracing the genetic footprints of vertebrate landing in non-teleost ray-finned fishes[J]. Cell, 2021, 184（5）: 1377-1391.e14.

[2] Davis M C, Shubin N H, Force A. Pectoral fin and girdle development in the basal actinopterygians Polyodon spathula and Acipenser transmontanus[J]. J Morphol, 2004, 262（2）: 608-628.

[3] Woltering J M, Irisarri I, Ericsson R, et al. Sarcopterygian fin ontogeny elucidates the origin of hands with digits[J]. Science Advances, 2020, 6（34）: eabc3510.

［4］ Haro E, Watson B A, Feenstra J M, et al. Lmx1b-targeted cis-regulatory modules involved in limb dorsalization［J］. Development, 2017, 144（11）: 2009-2020.

［5］ Gao Y, Lan Y, Liu H, et al. The zinc finger transcription factors Osr1 and Osr2 control synovial joint formation［J］. Developmental Biology, 2011, 352（1）: 83-91.

［6］ Askary A, Smeeton J, Paul S, et al. Ancient origin of lubricated joints in bony vertebrates［J］. Elife, 2016（5）: e16415.

［7］ Niimura Y. On the origin and evolution of vertebrate olfactory receptor genes: comparative genome analysis among 23 chordate species［J］. Genome Biology and Evolution, 2009（1）: 34-44.

［8］ Graham J B, Wegner N C, Miller L A, et al. Spiracular air breathing in polypterid fishes and its implications for aerial respiration in stem tetrapods［J］. Nature Communications, 2014, 5（1）: 3022.

［9］ Darwin C. The Origin of Species［M］. New York: PF Collier & Son, 1909.

［10］ Sagai T, Amano T, Maeno A, et al. Evolution of Shh endoderm enhancers during morphological transition from ventral lungs to dorsal gas bladder［J］. Nature Communications, 2017, 8（1）: 14300.

［11］ Ishimatsu A. Evolution in the Cardiorespiratory System in Air-breathing Fishes［M］. Tokyo: Terrapub, 2012.

［12］ Icardo J M. Conus arteriosus of the teleost heart: dismissed, but not missed［J］. The Anatomical Record Part A: Advances in Integrative Anatomy and Evolutionary Biology, 2006, 288（8）: 900-908.

［13］ Lorenzale M, Lopez-Unzu M A, Rodriguez C, et al. The anatomical components of the cardiac outflow tract of chondrichthyans and actinopterygians［J］. Biological Reviews of the Cambridge Philosophical Society, 2018, 93（3）: 1604-1619.

［14］ Kikuta H, Laplante M, Navratilova P, et al. Genomic regulatory blocks encompass multiple neighboring genes and maintain conserved synteny in vertebrates［J］. Genome Research, 2007, 17（5）: 545-555.

［15］ Lu C X, Gong H R, Liu X Y, et al. A novel HAND2 loss-of-function mutation responsible for tetralogy of Fallot［J］. International Journal of Molecular Medicine, 2016, 37（2）: 445-451.

［16］ Filogonio R, Joyce W, Wang T. Nitrergic cardiovascular regulation in the African lungfish, *Protopterus aethiopicus* [J]. Comparative Biochemistry and Physiology Part A: Molecular and Integrative Physiology, 2017, 207: 52−56.

[17] Lander E S, Linton L M, Birren B, et al. Initial sequencing and analysis of the human genome [J]. Nature, 2001, 409 (6822): 860−921.

[18] Metcalfe C J, Filee J, Germon I, et al. Evolution of the Australian lungfish (*Neoceratodus forsteri*) genome: a major role for CR1 and L2 LINE elements [J]. Molecular Biology and Evolution, 2012, 29 (11): 3529−3539.

[19] Wang K, Wang J, Zhu C, et al. African lungfish genome sheds light on the vertebrate water-to-land transition [J]. Cell, 2021, 184 (5): 1362−1376.e18.

[20] Nowoshilow S, Schloissnig S, Fei J-F, et al. The axolotl genome and the evolution of key tissue formation regulators [J]. Nature, 2018, 554 (7690): 50−55.

[21] Schloissnig S, Kawaguchi A, Nowoshilow S, et al. The giant axolotl genome uncovers the evolution, scaling, and transcriptional control of complex gene loci [J]. Proceedings of the National Academy of Sciences of the United States of America, 2021, 118 (15): e2017176118.

[22] Organ C, Struble M, Canoville A, et al. Macroevolution of genome size in sarcopterygians during the water–land transition [J]. Comptes Rendus Palevol, 2016, 15 (1−2): 65−73.

[23] Thomson K S, Muraszko K. Estimation of cell size and DNA content in fossil fishes and amphibians [J]. Journal of Experimental Zoology, 1978, 205 (2): 315−320.

[24] Imbeault M, Helleboid P Y, Trono D. KRAB zinc-finger proteins contribute to the evolution of gene regulatory networks [J]. Nature, 2017, 543 (7646): 550−554.

[25] Bruno M, Mahgoub M, Macfarlan T S. The arms race between KRAB-zinc finger proteins and endogenous retroelements and its impact on mammals [J]. Annual Review of Genetics, 2019, 53: 393−416.

[26] Rogers R L, Zhou L, Chu C, et al. Genomic takeover by transposable elements in the strawberry poison frog [J]. Molecular Biology and Evolution, 2018, 35 (12): 2913−2927.

[27] Daniels C B, Orgeig S. Pulmonary surfactant: the key to the evolution of air breathing [J]. News in Physiological Sciences, 2003, 18 (4): 151−157.

[28] Liem K F. Form and function of lungs: The evolution of air breathing mechanisms [J]. American Zoologist, 1988, 28 (2): 739−759.

[29] Roldan N, Nyholm T K M, Slotte J P, et al. Effect of lung surfactant protein SP-C and SP-C-promoted membrane fragmentation on cholesterol dynamics [J]. Biophysical Journal, 2016, 111 (8): 1703-1713.

[30] Leonenko Z, Gill S, Baoukina S, et al. An elevated level of cholesterol impairs self-assembly of pulmonary surfactant into a functional film [J]. Biophysical Journal, 2007, 93 (2): 674-683.

[31] Jorgensen J M, Joss J. The Biology of Lungfishes [M]. Boca Raton: CRC Press, 2016.

[32] Haagsman H P, Diemel R V. Surfactant-associated proteins: functions and structural variation [J]. Comparative Biochemistry and Physiology Part A: Molecular and Integrative Physiology, 2001, 129 (1): 91-108.

[33] Izumi H, Kurai J, Kodani M, et al. A novel SLC34A2 mutation in a patient with pulmonary alveolar microlithiasis [J]. Human Genome Variation, 2017, 4 (1): 16047.

[34] Chen P, Huang Y, Bayir A, et al. Characterization of the isoforms of type IIb sodium-dependent phosphate cotransporter (Slc34a2) in yellow catfish, *Pelteobagrus fulvidraco*, and their vitamin D3-regulated expression under low-phosphate conditions [J]. Fish Physiology and Biochemistry, 2017, 43 (1): 229-244.

[35] Chen P, Tang Q, Wang C. Characterizing and evaluating the expression of the type IIb sodium-dependent phosphate cotransporter (Slc34a2) gene and its potential influence on phosphorus utilization efficiency in yellow catfish (*Pelteobagrus fulvidraco*) [J]. Fish Physiology and Biochemistry, 2016, 42 (1): 51-64.

[36] Clack J A. The fin to limb transition: New data, interpretations, and hypotheses from paleontology and developmental biology [J]. Annual Review of Earth and Planetary Sciences, 2009, 37 (1): 163-179.

[37] Zakany J, Duboule D. Hox genes in digit development and evolution [J]. Cell and Tissue Research, 1999, 296 (1): 19-25.

[38] Kherdjemil Y, Lalonde R L, Sheth R, et al. Evolution of Hoxa11 regulation in vertebrates is linked to the pentadactyl State [J]. Nature, 2016, 539 (7627): 89-92.

[39] Shubin N. Your inner fish: a journey into the 3.5-billion-year history of the human body [M]. New York: Vintage, 2008.

[40] Zhang J, Wagh P, Guay D, et al. Loss of fish actinotrichia proteins and the fin-to-limb transition [J]. Nature, 2010, 466 (7303): 234-237.

［41］ Biscotti M A, Gerdol M, Canapa A, et al. The lungfish transcriptome: A glimpse into molecular evolution events at the transition from water to land［J］. Scientific Reports, 2016, 6（1）: 21571.

［42］ Johanson Z, Joss J, Boisvert C A, et al. Fish fingers: digit homologues in sarcopterygian fish fins［J］. Journal of Experimental Zoology Part B, 2007, 308（6）: 757−768.

［43］ Jude E, Johanson Z, Kearsley A, et al. Early evolution of the lungfish pectoral-fin endoskeleton: evidence from the middle devonian（Givetian）*Pentlandia macroptera*［J］. Frontiers in Earth Science, 2014（2）: 18.

［44］ Butler A B, Hodos W. Comparative Vertebrate Neuroanatomy: Evolution and Adaptation［M］. Hoboken: John Wiley & Sons, 2005.

［45］ Wu Y, Wang G, Scott S A, et al. Hoxc10 and Hoxd10 regulate mouse columnar, divisional and motor pool identity of lumbar motoneurons［J］. Development, 2008, 135（1）: 171−182.

［46］ Bruce L L, Neary T J. The limbic system of tetrapods: a comparative analysis of cortical and amygdalar populations［J］. Brain, Behavior and Evolution, 1995, 46（4−5）: 224−234.

［47］ Northcutt R G. Telencephalic organization in the spotted African Lungfish, Protopterus dolloi: a new cytological model［J］. Brain, Behavior and Evolution, 2009, 73（1）: 59−80.

［48］ Xu Y L, Reinscheid R K, Huitron-Resendiz S, et al. Neuropeptide S: a neuropeptide promoting arousal and anxiolytic-like effects［J］. Neuron, 2004, 43（4）: 487−497.

［49］ Dannlowski U, Kugel H, Franke F, et al. Neuropeptide-S（NPS）receptor genotype modulates basolateral amygdala responsiveness to aversive stimuli［J］. Neuropsychopharmacology, 2011, 36（9）: 1879−1885.

03 新型冠状病毒逃逸宿主天然免疫和抗病毒药物的机制

杨云翔　黄羽岑　闫利明　娄智勇　饶子和

引　言

病毒已在地球上存在了约 35 亿年，相比之下，人类的历史如白驹过隙。在人类存在的历史中，病毒一直不断地给人类带来灾难。时至今日，发病后致死率接近 100% 的狂犬病毒（rabies virus），致死率高达 90% 的埃博拉病毒（ebola virus），还有能摧毁人体免疫系统使宿主死于其他病症的艾滋病病毒（human immunodeficiency virus，HIV）等，仍然影响着我们的生活。而 2019 年年底开始在全球肆虐的新型冠状病毒（severe acute respiratory syndrome coronavirus 2，SARS-CoV-2）更是给人类带来了史无前例的影响。

与 2002 年暴发的严重急性呼吸综合征（severe acute respiratory syndrome，SARS）相比，由 SARS-CoV-2 引发的新冠肺炎疫情对社会造成的影响更为严重，截至 2022 年 8 月，已在世界范围内造成了近 6 亿人次的感染和超过 640 万人死亡[1]，是到目前为止对人类影响最大、波及范围最广的传染病。随着疫情的不断发展，SARS-CoV-2 在世界范围内产生了多种突变株。这给疫情的防控带来巨大的困难，也给疫苗和中和抗体的使用效果带来了极大的挑战。由于各型突变病毒株的转录复制分子机制和相关非结构蛋白都高度保守，所以深入探索 SARS-CoV-2 转录复制过程的分子机制，并在此基础上发现抗病毒药物的新靶点和新机制，开发应对各类突变株的广谱性小分子药物具有重要意义。

研究背景

冠状病毒（Coronaviruses, CoV）属于单股正链 RNA 病毒、巢式病毒目（Nidovirales）、冠状病毒科（Coronaviridae），拥有已知 RNA 病毒中最大的基因组。冠状病毒能引发一系列的人类疾病，如人冠状病毒 229E（human coronavirus 229E, HCoV-229E）、人冠状病毒 OC43（human coronavirus OC43, HCoV-OC43）、人冠状病毒 NL63（human coronavirus NL63，HCoV-NL63）、人冠状病毒 HKU1（human coronavirus HKU1，HCoV-HKU1）等均可以引发普通感冒，而 SARS 病毒（SARS coronavirus，SARS-CoV）、中东呼吸综合征冠状病毒（middle east respiratory syndrome coronavirus，MERS-CoV）、SARS-CoV-2 等则会引发严重急性呼吸综合征。此外，传染性支气管炎病毒（infectious bronchitis virus，IBV）、鼠肝炎病毒（murine virus hepatitis，MHV）等还会引发禽类呼吸道传染病和啮齿动物肝炎等多种动物疾病。冠状病毒家族中一些成员的强传染性和高致死率，使这类 RNA 病毒日益受到临床医生和病毒学家的重视。

传染性支气管炎病毒（IBV）是最早被研究的冠状病毒。1931 年，绍尔克（Schalk）等发现在 2～21 天的小鸡中流行一种新型的禽类疾病，这种病毒性疾病有着高达 90% 的致死率，并为引发这种疾病的病毒命名[2]。1937 年，博德特（Beaudette）研究团队从鸡的胚胎中成功分离了 IBV，从此拉开了人类研究冠状病毒的序幕[3]。1965 年，科学家首次发现冠状病毒可以感染人类并引起轻微的感冒症状，然后分离出两种冠状病毒代表株 HCoV-229E 和 HCoV-OC43[4]。1968 年，阿梅达（Almeida）利用电子显微镜对 IBV 颗粒进行形态学观察，发现这类病毒颗粒的表面存在囊膜结构，有像钉子一样的突起结构，形似皇冠，将其命名为冠状病毒[5]。目前已知感染人的冠状病毒共有 7 种，其中 4 种在人群中较为常见，引起的症状较轻，分别为 HCoV-229E、HCoV-OC43、HCoV-NL63 和 HCoV-HKU1；而另外 3 种则能引起严重急性呼吸综合征，分别为 SARS-CoV、MERS-CoV 和 SARS-CoV-2。此外，特别值得一提的是 SARS-CoV-2，由其引发的新冠肺炎疫情于 2019 年年底暴发，并迅速波及全球 200 多个国家和地区，严重威胁着人类健康与社会经济发展。

SARS-CoV-2 为有囊膜包裹的病毒，整体呈球形或椭球形，直径为 60～140nm。SARS-CoV-2 的蛋白质外壳主要由 3 种结构蛋白组成：刺突蛋白（spike protein，S 蛋白）、膜蛋白（membrane protein，M 蛋白）和包膜蛋白（envelope protein，E 蛋白），病毒基因组 RNA 则与另一种结构蛋白——核衣壳蛋白（nucleocapsid protein，N 蛋白）缠绕在一起，被包裹在病毒颗粒的中心。SARS-CoV-2 的基因组由约 3 万个核糖核苷酸构成，主要负责编码合成 16 种非结构蛋白（non-structural protein，nsp）、4 种结构蛋白和 9 种附属蛋白。

SARS-CoV-2 在侵染细胞后，通过利用宿主细胞内的翻译体系来合成自身需要的转录复制相关蛋白，并进一步组装成转录复制机器来复制自身遗传物质、合成新的结构蛋白，进而组装成新的病毒颗粒，完成病毒的增殖。具体过程如下：①冠状病毒表面刺状突起的 S 蛋白与宿主细胞膜表面的受体蛋白结合，使病毒黏附在宿主细胞表面；② S 蛋白通过将其疏水的融合肽插入细胞膜来介导病毒与宿主细胞（或者内吞体膜）的融合，病毒颗粒被内吞到细胞内；③病毒颗粒将基因组释放到宿主细胞的细胞质中，并以其为模板，借用宿主细胞的翻译体系合成两条多肽链——多聚蛋白 1a（poly protein 1a，pp1a）和多聚蛋白 1ab（poly protein 1ab，pp1ab）；④这两条多肽链被第三个非结构蛋白——木瓜蛋白酶样蛋白酶（nsp3，papain-like protease，PL^{pro}）和第五个非结构蛋白——主蛋白酶（nsp5，main protease，M^{pro}），水解成 16 个独立的非结构蛋白（nsp1-nsp16）；⑤这 16 个非结构蛋白进一步组装成转录复制复合体（replication-transcription complex，RTC），完成病毒基因组的转录和复制，并进一步合成新的结构蛋白；⑥病毒基因组和结构蛋白组装成新的病毒颗粒，完成病毒的增殖。

基因组的转录复制是病毒完成生命周期的核心过程，冠状病毒转录复制的分子机制高度保守，因此是非常好的药物靶点。但在过去的几十年里，这一核心过程的分子机制仍尚未被完全阐明。相较于其他冠状病毒，SARS-CoV-2 有着更强的潜伏性和传播能力，特别是随着新冠肺炎疫情的发展，SARS-CoV-2 逐渐突变并产生不同变异株，呈现出更强的逃逸疫苗和抗体的特点，这让全球公共医疗体系应对新冠肺炎疫情的流行面临着更大挑战。而 SARS-CoV-2 各型突变病毒株的转录复制分子机制依然高度保守，因此对其展开深入和全面的研究，在此基础上发现抗病毒药物的新靶点和新机制，开发应对各类突变株的广谱性小分子药物是当务之急。

■ 研究内容及成果

1. SARS-CoV-2 RNA 转录复制机器的关键元件

SARS-CoV-2 具有 RNA 病毒中最大的基因组（约 3 万个核糖核苷酸），其第一个开放阅读框（open reading frame 1ab，ORF1ab）编码 16 种非结构蛋白 nsp1 ～ nsp16[6]。在 SARS-CoV-2 基因组的转录复制过程中，这些非结构蛋白可以组装成不同状态的转录复制复合体（replication transcription complex，RTC），来行使不同功能。其中主要的蛋白元件为：①第七个和第八个非结构蛋白（nsp7，nsp8）和引物合成有关，并帮助第 12 个非结构蛋白（nsp12）进行 RNA 的合成；②第九个非结构蛋白（nsp9），可以结合 RNA 单链，也与病毒 RNA 的"加帽"过程有关；③第十个非结构蛋白（nsp10），作为辅因子促进第 14 个非结构蛋白（nsp14）的核酸外切酶活性，还能促进第 16 个非结构蛋白（nsp16）的甲基转移酶活性；④第 12 个非结构蛋白，RNA 依赖的 RNA 聚合酶（nsp12，RNA-dependent RNA polymerase，RdRp），负责冠状病毒所有 RNA 的合成；⑤第 13 个非结构蛋白（nsp13），负责解开 RNA 模板的高级结构，保证 RNA 链能够进行复制；⑥第 14 个非结构蛋白（nsp14），具有核酸外切酶（exonuclease，ExoN）和 N7- 甲基转移酶（N7-methyltransferase，N7-MTase）活性，同时参与基因组"错配校正"和病毒 RNA "加帽"过程；⑦第 16 个非结构蛋白（nsp16）具有 2′-O- 甲基转移酶（2′-O-methyltransferase，2′-O-MTase）活性，参与病毒 RNA 的"加帽"过程。

以上这些蛋白元件可以组装成不同功能状态的转录复制复合体，完成病毒基因组的转录复制，因此成了众多抗病毒药物设计的关键靶点。本团队长期致力冠状病毒转录复制分子机制的研究，新冠肺炎疫情暴发以来，本团队迅速开展攻关，在病毒结构生物学研究以及药物靶点的发现上取得了一定的成果，分别解析了由 nsp12/nsp7/nsp8$_2$ 组成的"核心转录复制复合体"（central RTC，C-RTC）[7] 和由 nsp12/nsp7/nsp8$_2$/nsp13$_2$ 组成的"延伸转录复制复合体"（elongation RTC，E-RTC）[8] 的高分辨率结构，并提出了相应的分子机制（后续将做详细介绍）。此后，本团队聚焦研究病毒RNA"加帽"和"错配校正"等关键过程的分子机制，致力探索 SARS-CoV-2 转录复制复合体分步组装以及发挥功能的全过程（图 3-1），并已取得大量创新性成果（后续将做详细介绍）。

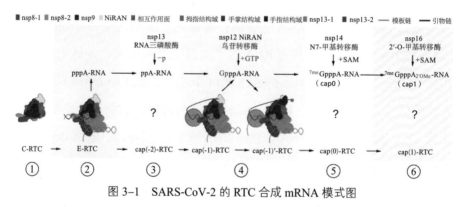

图 3-1　SARS-CoV-2 的 RTC 合成 mRNA 模式图

注：GTP 表示鸟苷三磷酸（guanosine triphosphate）；SAM 表示 S- 腺苷基甲硫氨酸（S-adenosylme thionine）。

2. SARS-CoV-2 的 C-RTC 及其与抗病毒候选药物瑞德西韦形成复合物的三维结构与功能机制

作为 RNA 依赖的 RNA 聚合酶，SARS-CoV-2 的 nsp12 负责催化 RNA的合成，是冠状病毒转录复制复合体的核心，是非常关键的药物靶点。其在冠状病毒家族中具有很高的结构保守性，而且在人类细胞中缺少同源结构域，可以作为如瑞德西韦（remdesivir）等很多药物的靶点。所以对SARS-CoV-2 的 nsp12 的结构及功能进行研究，有助于我们深入理解瑞德西韦和法匹拉韦等核苷类抑制剂的作用机理，对进一步改造或开发全新核苷类抗病毒药物具有重要意义。

相比于其他病毒的 RNA 聚合酶，SARS-CoV-2 的 nsp12 的氨基端多出一个约 350 个氨基酸的结构域，被称为巢式病毒 RNA 依赖的 RNA 聚合酶相关的核苷转移酶（nidovirus RdRp associated nucleotidyl transferase，NiRAN）结构域。这个结构域为巢式病毒所独有，在病毒转录复制过程中起到不可或缺的作用。然而在过去几十年里，国际上仍未能解析冠状病毒家族 nsp12 NiRAN 结构域的高分辨率结构。

新冠肺炎疫情暴发后，本团队结合 nsp7/nsp8 复合体可以激活 nsp12 的 RNA 聚合酶活性的结论[9] 以及多年来对冠状病毒 RNA 聚合酶的研究经验，决定加入蛋白 nsp7/nsp8 和 nsp12 一起组装转录复制复合体。经过不断的尝试与优化，本团队成功解析了 SARS-CoV-2 的 C-RTC 高分辨率冷冻电镜结构[7]。这项研究工作还首次发现 SARS-CoV-2 的 nsp12 的 NiRAN 具有独特的"β 发卡"结构域，为抗病毒药物设计提供了一个全新的位点，并提出了瑞德西韦抑制 SARS-CoV-2 的 nsp12 可能的作用机制，为开发针对 SARS-CoV-2 的药物奠定了重要基础（图 3-2）。

3. SARS-CoV-2 E-RTC 的三维结构与功能机制

SARS-CoV-2 的转录复制过程中，模板 RNA 链通常具有复杂的高级结构，需要解旋酶 nsp13 将模板链复杂的高级结构打开，递送给 RNA 聚合酶 nsp12，才能正常地合成 RNA。

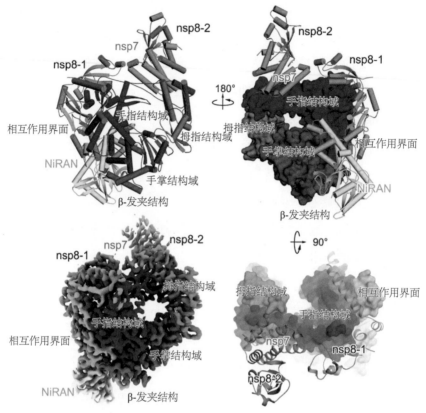

图 3-2　SARS-CoV-2 的 C-RTC 的整体结构[7]

　　本团队在 C-RTC 工作的基础上，利用特殊设计的 RNA 分子，组装了 E-RTC（nsp12/nsp7/nsp8$_2$/nsp13$_2$），首次提出了两个解旋酶 nsp13 依次与 C-RTC 组装并协同 RNA 聚合酶 nsp12 完成 RNA 合成的复杂机制，阐明了 nsp13 结合模板 RNA 的关键位点，为针对 nsp13 开发抑制剂提供了结构基础（图 3-3）。

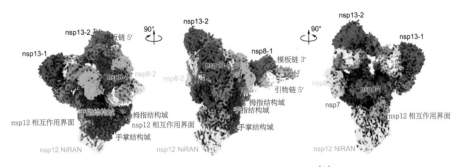

图 3–3　SARS-CoV-2 E-RTC 的结构[8]

4. SARS-CoV-2 "加帽中间态转录复制复合体" 的三维结构与功能机制

冠状病毒 RNA 的 5′ 端通常具有一个 "帽子" 结构，能够帮助病毒 RNA 逃脱宿主免疫，保证蛋白质的高效合成。该 "帽子" 结构主要通过 4 步 "加帽" 反应生成：① nsp13 发挥 5′ 端 RNA 三磷酸酶（RNA triphosphatase，RTPase）活性，将新合成的 5′ 端带有 3 个磷酸的 RNA（5′-pppA-RNA）的 5′ 端 γ 位磷酸水解，形成只带 2 个磷酸的 RNA（5′-ppA-RNA）；② 鸟苷转移酶（guanyltransferase，GTase）将一个鸟苷一磷酸（guanosine monophosphate，GMP）分子转移到的 5′ 二磷酸末端，形成一独特的 5′,5′- 磷酸二酯键，得到具有 "帽子" 的核心结构的 RNA（GpppA-RNA）；③ 双功能酶 nsp14 发挥其甲基转移酶活性，将第一个鸟嘌呤核苷的第七位氮原子甲基化，形成初级 "帽子" 结构 [^{7Me}GpppA-RNA, cap（0）]；④ nsp16 发挥 2′-O- 甲基转移酶活性，对下游第一个腺嘌呤核苷的第二位氧原子进行甲基化，形成成熟的 "帽子" 结构 [^{7Me}GpppA$_{2'OMe}$-RNA，cap（1）]，完成 "加帽" 过程。

本文将介导完成这 4 步反应的转录复制复合体依次命名为：第一步加帽反应转录复制复合体［Cap（-2）-RTC］，第二步加帽反应转录复制复合体［Cap（-1）-RTC］，N7 加帽反应转录复制复合体［Cap（0）-RTC］和2′-O 加帽反应转录复制复合体［Cap（1）-RTC］。尽管过去的科研成果使我们对冠状病毒 RNA 的"加帽"过程有了一定的认识与了解，但催化第二步加帽反应的关键酶分子及其分子机制仍然没有被弄清楚。本团队则聚焦于这一核心科学问题，在 C-RTC[7] 和 E-RTC[8] 的研究基础上，成功捕获了第二步加帽反应向第三步过渡的转录复制复合体的中间状态，并将其命名为加帽中间态转录复制复合体［Cap（-1）′-RTC，图 3–4］。该复合体由 nsp12/nsp7/nsp8$_2$/nsp13$_2$/nsp9 共同组成。其中，nsp9 的氨基端与 nsp12 氨基端的 NiRAN 结构域相互作用，引导"加帽"过程由第二步向第三步过渡。此外，该工作还证实了 nsp12 氨基端的 NiRAN 结构域是实际负责催化第二步加帽反应的。这项研究成果首次彻底明确了 mRNA 合成过程中全部的关键酶分子，解决了冠状病毒研究领域近 20 年来悬而未决的问题，为抗病毒药物的研发提供了新的靶点。

5. SARS-CoV-2"N7 加帽转录复制复合体"及"错配校正转录复制复合体"的三维结构与功能机制

在真核生物中，为了保证遗传物质的稳定传递，避免有害突变的累积，在转录复制过程中往往采用一种称为"回溯"（backtracking）的错配矫正（proofreading）机制，剔除已产生的错配序列[11, 12]。其主要的发生过程为：在正常的复制转录过程中，伴随模板链向前推进，聚合酶将核苷酸加在引物后面进行延伸；一旦发现碱基发生错配则会引发回溯过程，将模板链往回倒，带动产物链也随之回倒，暴露出来的错配碱基则会被识别并剔除。

众所周知，RNA 病毒转录复制的准确性较差，而 SARS-CoV-2 作为

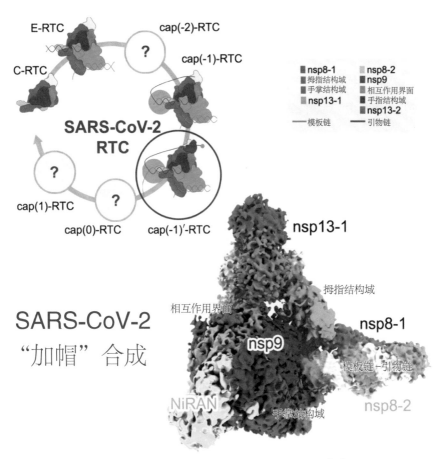

图 3-4 SARS-CoV-2 Cap（-1）′-RTC 的结构[10]

具有较大基因组的 RNA 病毒，为了维持遗传物质的稳定性，降低突变率，进化出了一种与真核生物类似的"错配矫正"机制，来将转录复制过程中产生的错配碱基"剔除"以保证转录复制的准确进行。该过程主要由 nsp14 的核酸外切酶结构域介导完成。同时，特别值得一提的是，该过程也是病毒逃逸核苷类抗病毒药物的关键途径，因为 nsp14 易将掺入病毒 RNA 链中的核苷类似物也识别为错误碱基而将其"剔除"，从而阻止其发挥功能。这也是导致瑞德西韦等核苷类药物效果不佳的重要原因之一。

此外，nsp14 作为一个特殊的双功能酶，还拥有一个 N7 甲基转移酶（N7-MTase）结构域，参与 RNA "加帽"过程的第三步反应。这两个截然不同的生化过程如何在同一个 nsp14 中协同工作，是 20 多年来冠状病毒研究领域中关键的几个"未解之谜"之一。

本团队聚焦这一科学问题，在 Cap（-1）′-RTC 的基础上，成功解析了由 nsp12/nsp7/nsp8$_2$/nsp13$_2$/nsp9 与 nsp10/nsp14 组装形成 Cap（0）-RTC 的结构[13]。在该复合体中，nsp9 发挥了"适配器"（adaptor）的功能，通过与 nsp14 相互作用，将 nsp10/nsp14 复合体招募到 Cap（-1）′-RTC 上，从而利用 nsp14 的 N7 甲基转移酶结构域，完成 RNA "加帽"过程的第三步反应。此外，本团队还发现 Cap（0）-RTC 在溶液状态下，会形成稳定的同源二聚体［dimer of Cap（0）-RTC，dCap（0）-RTC］；在二聚体中，解旋酶 nsp13 发生重大构象变化，使 RNA 模板链反向移动，引发产物链"回溯"过程，从而将产物链 3′ 末端传输至另一 Cap（0）-RTC nsp14 核酸外切酶结构域的活性中心，通过 nsp14 切除错配核苷酸，完成"错配矫正"过程（图 3–5）。

该工作为 RNA 的"加帽"和"错配矫正"这两个不同的生化过程在 nsp14 中的协调作用提供了一个合理模型，揭示了病毒 RNA 的"加帽""错配矫正"以及逃逸核苷类抗病毒药物的分子机制，为进一步优化和开发新型核苷类抗病毒药物提供了关键结构基础。

总结与展望

本团队几十年来一直致力冠状病毒的研究，在 SARS 暴发后，率先解析了 SARS-CoV 核心抗病毒药物靶点 nsp5 的结构，并据此研发了抑制效果和广谱性最好的 N3 抑制剂，还先后解析了 SARS-CoV 多种转录复制复

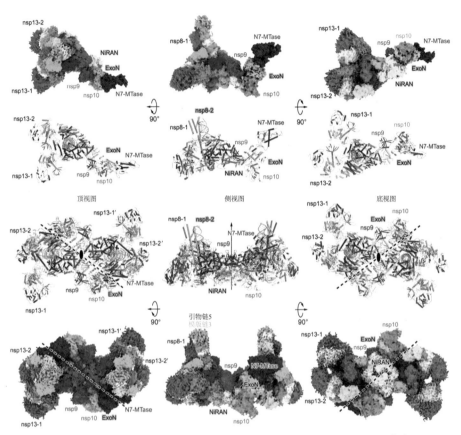

图3-5　SARS-CoV-2的Cap（0）-RTC及dCap（0）-RTC的结构[13]

合体组装元件的结构[14-18]，对于冠状病毒转录复制相关蛋白有非常深刻的理解。新冠肺炎疫情暴发以来，本团队迅速针对SARS-CoV-2转录复制机制开展了系统性研究，依次阐明了转录复制过程多种关键时期的分子机制，展示了SARS-CoV-2转录复制复合体的完整形式，阐明了SARS-COV-2病毒逃逸天然免疫和抗病毒药物的机制，为进一步优化核苷类抗病毒药物提供了关键基础。

尽管目前对于SARS-CoV-2转录复制机制的研究已经取得了很大的进

展，但仍有多个关键科学问题没有得到解决。例如，C-RTC 是如何起始转录的，以及转录与复制是如何分别进行的？这两个关键生理过程的结构生物学与分子机制仍尚未被阐明；介导第一步、第二步以及第四步"加帽"反应的 RTC 复合物的结构生物学状态以及分子机制还尚未被阐明；关于转录复制机器如何感知核苷酸错配，以及通过怎样复杂的变化来实现错配核苷酸切除的结构生物学状态及其分子机制还尚未被阐明。因此，需要更加深入的科学研究与探索来阐明以上未解决的科学问题，完善对于 SARS-COV-2 转录复制分子机制的研究，加深对其生命周期基本过程的认识。

参考文献

［1］WHO. WHO Coronavirus Disease（COVID-19）Dashboard［EB/OL］.<https：//covid19.who.int/>（2020）.

［2］Schalk A F , Hawn M C J. An apparently new respiratory disease of baby chicks［J］. Journal of the American Veterinary Medical Association，1931：78 .

［3］Beaudette F R, Hudson C B. Infection of the cloaca with the virus of infectious bronchitis［J］. Science, 1932：76.

［4］Tyrrell D A J, Bynoe M L. Cultivation of a novel type of common-cold virus in organ cultures［J］. British Medical Journal，1965（1）：1467–1470.

［5］Berry D M, Almeida J D. The morphological and biological effects of various antisera on avian infectious bronchitis virus［J］. J. Gen. Virol.，1968（3）：97–102.

［6］Wu A, Peng Y, Huang B, et al. Genome composition and divergence of the Novel Coronavirus（2019-nCoV）originating in China［J］. Cell Host & Microbe, 2020（27）：325–328.

［7］Gao Y, Yan L, Huang Y, et al. Structure of the RNA-dependent RNA polymerase from COVID-19 virus［J］. Science, 2020（368）：779–782.

［8］Yan L, Zhang Y. Architecture of a SARS-CoV-2 mini replication and transcription complex［J］. Nat. Commun.，2020：5874.

［9］ Subissi L，Posthuma C，Collet A，et al. One severe acute respiratory syndrome coronavirus protein complex integrates processive RNA polymerase and exonuclease activities［J］. Proceedings of the National Academy of Sciences of the United States of America，2014（111）：E3900-3909.

［10］ Yan L，Ge J，Zheng L. Cryo-EM structure of an extended SARS-CoV-2 replication and transcription complex reveals an intermediate state in cap synthesis［J］. Cell，2021（184）：184-193 e110.

［11］ Kunkel T A，Bebenek K. DNA replication fidelity［J］. Annu. Rev. Biochem.，2020，（69）：497-529.

［12］ Kunkel T A. DNA replication fidelity［J］. J. Biol. Chem.，2004（279）：16895-16898.

［13］ Yan L，Yang Y，Li M，et al. Coupling of N7-methyltransferase and 3′-5′exoribonuclease with SARS-CoV-2 polymerase reveals mechanisms for capping and proofreading［J］. Cell，2021（184）：3474-3485 e3411.

［14］ Yang H，Yang M，Ding Y. The crystal structures of severe acute respiratory syndrome virus main protease and its complex with an inhibitor［J］. Proceedings of the National Academy of Sciences of the United States of America，2003（100）：13190-13195.

［15］ Yang H，Xie W，Xue X，et al. Design of wide-spectrum inhibitors targeting coronavirus main proteases［J］. PLoS Biology，2005，3（10）：e324

［16］ Zhai Y，Sun F. Insights into SARS-CoV transcription and replication from the structure of the nsp7-nsp8 hexadecamer［J］. Nature Structural & Molecular Biology，2005（12）：980-986.

［17］ Ma Y，Wu L，Shaw N，et al. Structural basis and functional analysis of the SARS coronavirus nsp14-nsp10 complex［J］. Proceedings of the National Academy of Sciences of the United States of America，2015（112）：9436-9441.

［18］ Jia Z，Yan L. Delicate structural coordination of the Severe Acute Respiratory Syndrome coronavirus Nsp13 upon ATP hydrolysis［J］. Nucleic Acids Research，2019（47）：6538-6550.

04 转录起始超级复合物的组装机制

徐彦辉

引　言

　　分子生物学的"中心法则"是生物体生命活动最基本也是最重要的规律，是所有有细胞结构的生物所遵循的法则，是指导细胞内的遗传密码最终翻译成执行细胞生命活动的生物大分子的法则。遗传密码的破译过程即基因表达的过程，包含转录和翻译两个过程，是生物体基本的生命活动之一。包括人类在内的高等生物进化出了一套极其复杂的基因表达调控机制，利用同一套基因组的遗传信息，能够分化出数百种不同的细胞类型，以适应其复杂的生长发育过程。

　　基因转录是破译遗传密码的首要步骤。为了保证生命体正常的生长发育，细胞对基因的转录过程进行了极其复杂和精细的调控，转录调控异常将会导致肿瘤的形成。转录起始与否直接决定了一个基因的表达与否，决定了一个细胞命运的好坏。可以说转录起始是基因表达的核心调控点。因此，探究生物体调控基因转录起始背后的奥秘，对理解人类基因表达及其相关生理病的发病机制具有重要的意义。

研究背景

生物体内遗传信息由 DNA 传递到 RNA 的过程称为转录。真核生物中存在 3 种 RNA 聚合酶：RNA 聚合酶 I（polymerase，Pol I）、RNA 聚合酶 II（Pol II）和 RNA 聚合酶 III（Pol III），分别介导生物体中不同类型 RNA 的合成[1]。RNA 聚合酶 I 位于核仁，主要参与核糖体 RNA（ribosome RNA，rRNA）前体的合成；RNA 聚合酶 II（Pol II）位于核质，催化合成信使 RNA 前体（RNA precursors，pre-mRNA）和大多数核内小 RNA（small nuclear RNA，snRNA）等。其中，snRNA 是组成剪接体的关键成分，剪接体可以剪接 pre-mRNA 形成成熟的 mRNA；RNA 聚合酶 III（Pol III）合成非编码 RNA，如转移 RNA（transfer RNA，tRNA）和部分 snRNA 等，定位于核质[2-4]。最终，由 RNA 聚合酶 I 合成的 rRNA 装配形成的核糖体与 RNA 聚合酶 III 合成的 tRNA 共同以 RNA 聚合酶 II 合成的 mRNA 为模板经过翻译，产生执行细胞生命活动的蛋白质，完成基因的表达。

基因的转录过程可以简单地分为起始、延伸和终止 3 个阶段：首先，RNA 聚合酶结合到基因的启动子区，打开聚合酶催化活性中心附近的 DNA 双螺旋，形成最初的磷酸二酯键，起始基因的转录；随后，RNA 聚合酶以其中一条 DNA 链为模板链，沿着 RNA 链 5′端到 3′端的方向，根据碱基互补配对原则依次将 4 种核糖核苷酸添加到延伸中的 RNA 链的 3′端上，进行转录的延伸；最后，当延伸至基因末端时，RNA 聚合酶释放合成的 RNA 链并从 DNA 模板上解离下来，终止转录反应[5]。真核生物基因的转录需要多种转录相关因子辅助 RNA 聚合酶共同完成基因的转录。

人体中数以万计的基因在不同的细胞中或同一细胞的不同发育阶段，其表达水平可以有非常显著的差异，从完全不表达到非常高水平的表达，使不同细胞合成特定的蛋白质发挥不同的功能，这种现象称为基因的差异性表达，决定着细胞的分化、细胞身份的维持、细胞对环境改变的应答以及个体的生长、发育和衰老等几乎所有生命活动。转录作为基因表达的首要步骤，对转录水平的调控是基因差异性表达的关键。细胞内许多蛋白质、DNA、RNA以及染色质的状态都参与细胞内转录过程的调控，细胞在极其复杂的调控机制下紧密地调控着转录的每一个环节。转录的起始过程作为转录的第一步，直接决定了一个基因的表达与否，是基因表达的关键调控点，探究该过程的调控机制对理解基因表达的调控以及相关疾病的发生发展具有非常重要的意义。

RNA聚合酶Ⅱ的转录起始发生在几乎所有编码基因和大部分非编码基因的核心启动子区。核心启动子是基因的启动子上存在的一段能够精确引导RNA聚合酶Ⅱ起始转录的最小DNA序列，包含该基因的转录起始位点（transcription start site，TSS），全长约100bp[6]。真核生物中每个基因的核心启动子序列并不相同，在不同基因的核心启动子中常常存在着一些特定的DNA基序（motif）——核心启动子元件，如TATA框（TATA box）、起始子（initiator，INR）、下游启动子元件（downstream promoter element，DPE）、十基序元件（motif ten element，MTE）、下游启动子区（downstream promoter region，DPR）等[7-9]。这些核心启动子元件可单独或任意地组合，构成了细胞内多种多样的核心启动子类型。其中，每一个元件都只存在于部分的核心启动子中，没有一个元件是在所有启动子中通用的。例如，最著名的TATA框元件在大多数人类核心启动子中是不存在的，这被称为无TATA框启动子（TATA-less promoter）；MTE和DPE元件主要存在于果蝇的核心启动子中，在人类基因中也很少被观察到。那么在如此多样化的核心启动子上，RNA聚合酶Ⅱ是怎样起始基因转录的呢？

真核生物 RNA 聚合酶 II 不具备识别靶基因的核心启动子和打开 DNA 双链的能力，需要与 6 个通用转录因子（TF II A、TF II B、TF II D、TF II E、TF II F、TF II H）组装形成转录前起始复合物（preinitiation complex，PIC），才能够起始基因的转录[10]。科学家经过长达数十年的研究发现，PIC 组装过程是一个高度动态且精确的过程，各个通用转录因子以 RNA 聚合酶为核心按照特定顺序依次被招募至核心启动子上：转录因子 TF II D 在 TF II A 辅助下首先识别基因的启动子，招募 RNA 聚合酶 II 和通用转录因子 TF II B，TF II F 组装形成核心 PIC（core PIC，cPIC），进一步招募 TF II E 形成中间态 PIC（intermediate PIC，mPIC），最后招募 TF II H 形成完整最终态 PIC（holo PIC，hPIC）[10-12]。其中，TF II D 是 PIC 中最关键的因子，由 1 个特异性识别并结合 TATA 框元件的 TATA 框结合蛋白（TATA box-binding protein，TBP）和 13 个 TBP- 相关蛋白（TBP-associated factor，TAF1-13）所组成。作为第一个结合到基因启动子上的 PIC 组分，TF II D 能够识别各种不同类型的基因启动子，并参与整个 PIC 的组装过程。TF II H 是最后一个被招募并组装到 PIC 上的通用转录因子，具有磷酸化 RNA 聚合酶 II 羧基端结构域（carboxyl-terminal repeat domain，CTD）和打开启动子区 DNA 双螺旋的能力。CTD 的磷酸化和启动子区 DNA 双链的解旋是转录起始所必需的[13]。完整 PIC 的组装是基因转录起始的必要条件，对 PIC 完整组装过程的研究是理解基因转录起始调控机制的关键。

PIC 的组装是一个高度动态且复杂的过程，含 TF II D 的完整 PIC 共包含了 50 多个蛋白质，分子量达到了 2.6MD。如此庞大且复杂的体系给 PIC 组装的研究带来了极大的挑战。据研究显示，在体外的反应体系中，用 TBP 蛋白替代 TF II D 全复合物进行转录反应，能够成功起始含有 TATA 框元件基因的转录。因此，在过去数十年里，科学家大多使用 TBP

蛋白和含有 TATA 框元件的启动子这样一个相对简单的研究体系来开展对 PIC 复合物的研究。但随着研究的不断深入，科学家逐渐发现，TBP 蛋白在细胞内无法单独存在；对于启动子中不含有 TATA 框的基因，仅靠 TBP 蛋白，转录是不会发生的，并且人类基因中有超过 85% 的基因启动子是不含有 TATA 框的；几乎所有的基因转录都需要完整的 TF Ⅱ D，其功能是不能被 TBP 蛋白替代的。因此，尽管已有大量以 TBP 和 TATA 框为研究对象的 PIC 复合物研究成果，但面对如此复杂多样的人类启动子，PIC 是如何被识别并组装的呢？对于超过 85%TATA-less 类型的人类基因，转录起始又是如何发生的呢？这些基因转录起始最核心问题仍未得到完整的解答。

20 世纪 90 年代，科学家发现了一个能够显著激活基因转录的蛋白——中介体（mediator）。它可以将不同信号通路的转录激活信号传递到 PIC 上激活转录。人体中绝大多数活跃基因都需要中介体的参与，才能实现高表达[14]。那么，中介体是如何调控 PIC 组装，如何激活基因转录的呢？

面对以上这些问题，本研究拟利用结构生物学的方法，通过解析结合不同类型启动子、处于不同 PIC 组装关键阶段的 PIC 复合物和 PIC- 中介体复合物的三维结构信息，探究 PIC 在不同类型的基因启动子上的动态组装机制及中介体激活 PIC 组装的分子机制，以期揭开基因转录起始调控的神秘面纱，理解基因表达调控背后的奥秘。

研究内容及成果

本研究首先在体外利用大肠埃希菌和哺乳动物细胞表达系统分别表达并纯化了组成 PIC 的 6 种人源通用转录因子蛋白复合物（TF Ⅱ A、

TF Ⅱ B、TF Ⅱ D、TF Ⅱ E、TF Ⅱ F 和 TF Ⅱ H），从猪的胸腺组织中分离纯化了 RNA 聚合酶 Ⅱ 复合物，选取多个不同类型的核心启动子（包括有 TATA 框启动子和无 TATA 框启动子）；随后，根据 PIC 的组装顺序，在体外依次组装了处于不同 PIC 装配关键阶段的 PIC 复合物；最后，利用冷冻电镜单颗粒重构技术分别解析这些复合物的三维结构。

经过多年的努力，本团队解析了涵盖所有启动子类型共 25 个包含 TF Ⅱ D 的完整 PIC 复合物的三维结构，提供了 PIC 组装的不同阶段、不同功能状态以及不同启动子类型的全覆盖三维结构信息，系统地展示了 PIC 识别不同类型启动子并完成组装的全过程[15]。同时，本团队还解析了首个具有生理相关性和功能完整性的包含 TF Ⅱ D 的 PIC- 中介体复合物三维结构，阐明了中介体促进 PIC 组装和转录激活的分子机制[16]。相关结果在美国《科学》（*Science*）杂志上发表了 2 篇研究长文。

1. TF Ⅱ D 复合物结构及其识别启动子的机制

首先，我们从 PIC 组装的第一步开始研究：TF Ⅱ D 如何识别多种多样的基因启动子？研究显示，TF Ⅱ D 需要在 TF Ⅱ A 的辅助下被招募至核心启动子上，组装形成启动子 -TF Ⅱ D-TF Ⅱ A 复合物。我们分别制备并解析了 TF Ⅱ D 以及结合了不同类型启动子的启动子 -TF Ⅱ D-TF Ⅱ A 复合物的结构。我们看到，TF Ⅱ D 整体由 TF Ⅱ D-C、TF Ⅱ D-B 和 TF Ⅱ D-A 三个大模块所组成，含有 1 个 TBP 蛋白，在 13 个 TAFs 亚基中有 6 个是双拷贝，每一个拷贝分别位于 TF Ⅱ D-A 和 TF Ⅱ D-B 两个模块中。完整的 TF Ⅱ D 共由 20 个蛋白亚组成。启动子 ᔆᶜᴾ-TF Ⅱ D-TF Ⅱ A 复合物上有多个与启动子结合的区域。其中，TBP 蛋白结合在启动子上游的 TATA 框元件上，TF Ⅱ D-C 模块结合在下游启动子区和 INR 区（图

4-1A 和图 4-1B）。与早年研究发现的 TBP 蛋白结合并弯曲 TATA 框 DNA 现象所不同（图 4-1A）[17]，在启动子 SCP-TF Ⅱ D-TF Ⅱ A 复合物中，TBP 蛋白并未弯折 DNA。即使启动子序列中不含有 TATA 框元件，启动子 PUMA-TF Ⅱ D-TF Ⅱ A 复合物的结构却与启动子 SCP-TF Ⅱ D-TF Ⅱ A 复合物几乎完全一样（图 4-1C）。

那么在无 TATA 框的基因，TBP 蛋白是如何结合到启动子上游的呢？

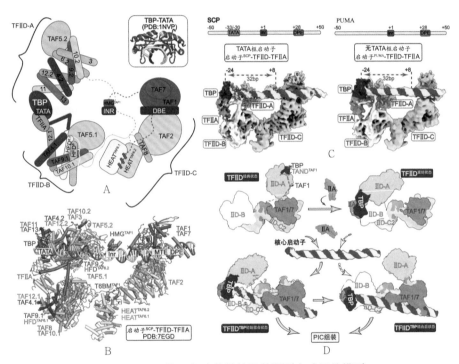

图 4-1 TF Ⅱ D 复合物结构及其识别启动子的模型

注：A. TF Ⅱ D-TF Ⅱ A 结构模式图，右上小图是 TBP 结合 TATA 框的晶体结构；B. 结合在超级核心启动子（super core promoter, SCP）上的 TF Ⅱ D-TF Ⅱ A 复合物的结构模型；C. TF Ⅱ D-TF Ⅱ A 复合物分别在 SCP（左上图，TATA 框启动子，EMD-31113）和 PUMA（右上图，无 TATA 框启动子，EMD-31133）启动子上的冷冻电镜密度图；D. TF Ⅱ D 识别启动子并将 TBP 装载到启动子上模式图。DBE 表示 TF Ⅱ D 结合模块（TF Ⅱ D-binding element）。

我们将未结合启动子时的 TF Ⅱ D 结构与结合启动子后的 TF Ⅱ D-TF Ⅱ A 复合物结构进行比较分析。我们共捕获了处于 4 种不同状态的 TF Ⅱ D，分别是未结合启动子的 TF Ⅱ D^{经典状态}、TF Ⅱ D^{重排状态} 以及结合了启动子的 TF Ⅱ D$^{TBP 初始结合状态}$和 TF Ⅱ D$^{TBP 结合后状态}$。综合对比分析这 4 种 TF Ⅱ D 状态，我们提出了 TF Ⅱ D 识别启动子并将 TBP 装载到启动子上的工作模型（图 4–1D）。TF Ⅱ D 处于经典状态（TF Ⅱ D^{经典状态}）时，TBP 蛋白位于 TF Ⅱ D-A 模块中，TF Ⅱ D-A 模块与 TF Ⅱ D-C 模块结合。TF Ⅱ D 中的 TF Ⅱ D-A 模块是高度动态的，当 TF Ⅱ D 结合 TF Ⅱ A 时，经过模块重排，TF Ⅱ D-A 模块会带着 TBP 蛋白一起结合到 TF Ⅱ D-B 模块附近，形成重排状态（TF Ⅱ D^{重排状态}）。当 TF Ⅱ D 结合启动子后，会产生 TF Ⅱ D$^{TBP 初始结合状态}$和 TF Ⅱ D$^{TBP 结合后状态}$两种状态。在这两种状态中，TBP 都结合在启动子上游 TATA 框相应的位置：当结合启动子时，TF Ⅱ D 通过 TF Ⅱ D-A 模块带着 TBP 蛋白一起结合到 TF Ⅱ D-B 模块，并将 TBP 蛋白装载到启动子上游，形成 TF Ⅱ D$^{TBP 初始结合状态}$；随后在 TF Ⅱ D$^{TBP 初始结合状态}$的基础上，TF Ⅱ D-A 模块完成 TBP 蛋白的装载后，TF Ⅱ D-A 模块与 TBP 解离，重新返回与 TF Ⅱ D-C 模块结合，形成 TF Ⅱ D$^{TBP 结合后状态}$，结合启动子后的 TF Ⅱ D 均可进入后续 PIC 的组装过程。

综上我们可以得出，TF Ⅱ D 中含有多个 DNA 结合区域，并且对 DNA 序列的识别具有较高的包容度，可识别各种不同类型的基因启动子。无论启动子上是否存在 TATA 框序列，当 TF Ⅱ D 结合到启动子上后，TF Ⅱ D 都可以通过 TF Ⅱ D-A 模块将 TBP 成功装载到基因启动子上游区，并由此进入随后的 PIC 组装过程。对于所有类型的基因启动子，TF Ⅱ D 都采取普遍相似的启动子结合方式，为在高度多样化的核心启动子上的 PIC 组装提供了一个共享的起点。

2. PIC 结构及其动态组装机制

当 TF Ⅱ D 在 TF Ⅱ A 的辅助下结合基因启动子区并完成 TBP 的"装载"工作后，RNA 聚合酶Ⅱ和通用转录因子将依次按顺序被招募至基因启动子区进行 PIC 组装。为了探究在多种多样的人类基因启动子上 PIC 完整的组装过程，深入理解其组装背后所蕴含的调控机制，我们首先将由 RNA 聚合酶Ⅱ介导合成的人类基因启动子进行分类，共分为三大类：TATA-DBE 启动子（TATA-DBE promoter）、无 TATA 框启动子（TATA-less promoter）和只含有 TATA 框启动子（TATA-only promoter）。其中，TATA-DBE 启动子（如人工合成的 SCP、人类 *HDM2* 基因、*CLAM2* 基因和 *RPLP1* 基因启动子等）由上游 TATA 框元件和下游 DBE 组成；无 TATA 框启动子（如人类 *PUMA* 基因、*POLB* 基因和 *TAF7* 基因启动子等）是指只含有下游 TF Ⅱ D 结合元件，上游不含有能够被 TBP 蛋白所识别的 TATA 框元件；只含有 TATA 框启动子（如人类 *JUNB* 基因启动子等）则是指启动子只含有上游 TATA 框元件，下游不含有 TF Ⅱ D 结合元件。随后，我们分别选取了多个能分别代表这 3 种启动子类型的人类基因启动子序列。在这些启动子上，我们分别组装和解析了处于 PIC 组装关键步骤的 3 种 PIC 复合物（cPIC 复合物、mPIC 复合物和 hPIC 复合物）的三维结构（图 4-2）。

通过分析对比在不同类型启动子上的 cPIC、mPIC 和 hPIC 复合物结构，我们发现，在不同类型的启动子上，PIC 会走两条完全不同的组装路径（图 4-2）：路径Ⅰ为"三步到位"，发生在 TATA-DBE 启动子上，即随着 PIC 组装启动子分别经历"停止挡"（park）"空挡"（neutral）"前进挡"（drive）3 种启动子构象，逐步被推至 RNA 聚合酶Ⅱ催化活性中心的上方。路径Ⅱ为"直接到位"，发生在无 TATA 框启动子和只含有 TATA 框的启动子上，即在 cPIC 复合物时，启动子就已经直接被推至 RNA 聚合酶Ⅱ

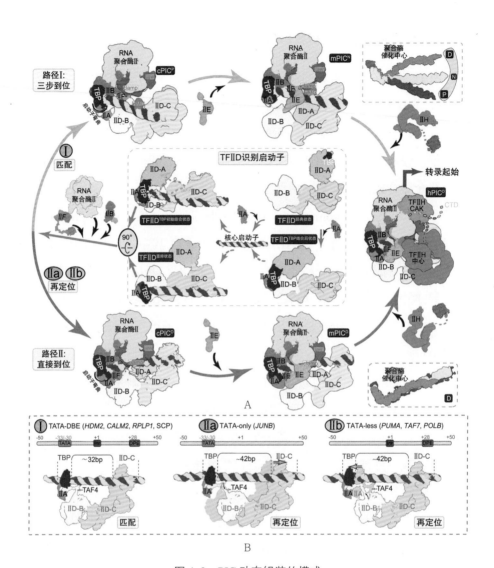

图 4-2 PIC 动态组装的模式

注：A. TF Ⅱ D 识别启动子（内圈）以及 PIC 对于不同启动子类型的两种组装方式（外圈）；P、N、D 分别代表"停止挡""空挡""前进挡"3 种启动子构象，右图表示 3 种复合物状态中启动子构象的比对（红色表示 cPIC 复合物，黄色表示 mPIC 复合物，绿色表示 hPIC 复合物）；B. cPIC 组装过程中在启动子上 PIC 模块进行匹配和重定位过程模式图，模式图中的结构均来源于本研究工作。

催化活性中心上方，处于"前进挡"构象，并一直维持到 PIC 组装完成。随后，我们设计了一系列的突变体启动子序列，解析在各种突变体序列上组装的 PIC 复合物结构，探究产生两条路径组装背后的原因。通过对比分析，最终我们描绘出了完整 PIC 在不同类型启动子上完成多步组装的完整动态全过程图（图 4-2）。

对于 TATA-DBE 启动子，结合在启动子上的 TF Ⅱ D-TF Ⅱ A 复合物招募 TF Ⅱ B、TF Ⅱ F 和 RNA 聚合酶 Ⅱ 到启动子区组装形成 cPIC 复合物：在这一装配过程中，由 TBP、TF Ⅱ B、RNA 聚合酶 Ⅱ 以及 TF Ⅱ F 所形成的 PIC 核心模块促使 TBP 结合并弯曲启动子，使其弯进聚合酶内部。但由于 TATA-DBE 类型的启动子上下游均含有 TF Ⅱ D 强结合序列，所以 cPIC 复合物中的 PIC 核心模块和 TF Ⅱ D-C 模块紧紧地结合在启动子的 TATA 框元件和下游 DBE 模块上。此时，TF Ⅱ D 模块与 PIC 核心模块之间形成的相互作用阻止了启动子向聚合酶内弯曲，停在了"停止挡"构象。此时，启动子距离聚合酶的催化中心很远。随后，cPIC 招募 TF Ⅱ E 至启动子区，组装形成 mPIC 复合物：TF Ⅱ E 复合物是一个异源二聚体，它的 α 亚基结合在 PIC 核心模块上，β 亚基结合在 TF Ⅱ D 模块上，作为桥梁连接 PIC 核心模块和 TF Ⅱ D 模块，TF Ⅱ E 的结合破坏了原先 cPIC 复合物中 PIC 核心模块和 TF Ⅱ D 模块之间的相互作用，并同时将启动子继续往聚合酶内部推。当推到一定程度时，复合物中新产生的启动子 -TF Ⅱ D-聚合酶相互作用再次阻止了启动子继续向聚合酶内部靠近。此时，启动子停留在"空挡"构象，距离聚合酶的催化中心距离依旧很远。最后，mPIC 招募 TF Ⅱ H 至启动子区组装 hPIC 复合物：TF Ⅱ E 招募 TF Ⅱ H，TF Ⅱ H 结合到启动子下游区域和 TF Ⅱ D-C 模块，将 TF Ⅱ D-C 模块从启动子上推开，并将启动子完全推至聚合酶催化活性中心的上方，产生"前进挡"构象。随后，TF Ⅱ H 的 CAK 激酶模块结合到聚合酶上，组装形成完整的 hPIC 复合物，开始基因的转录。

对于仅含有 TATA 框的启动子，由于启动子上只含有上游 TATA 框元件，下游不含有 TF Ⅱ D 强结合元件，所以在 cPIC 组装过程中，当 TBP 结合并弯曲启动子时，结合不稳的 TF Ⅱ D-C 模块会发生再定位，TF Ⅱ D-C 模块往启动子下游滑移打开 TF Ⅱ D 模块与 PIC 核心模块之间的相互作用，使启动子能够直接被推入聚合酶催化活性中心的上方，"一步到位"产生"前进挡"构象。

对于无 TATA 框的启动子，由于启动子中只含有下游 TF Ⅱ D 结合元件，上游不含 TATA 框元件，所以在 cPIC 组装过程中，当 TBP 结合并弯曲启动子时，结合不稳的 TBP 连同 PIC 核心模块一起发生再定位，PIC 核心模块往启动子上游滑移，打开 TF Ⅱ D 模块与 PIC 核心模块之间的相互作用，"一步到位"将启动子直接推入聚合酶催化活性中心的上方，形成"前进挡"构象。

接着，处于"前进挡"构象的 cPIC 复合物进一步依次招募 TF Ⅱ E 和 TF Ⅱ H，最终组装形成 hPIC 复合物，起始基因的转录。非常有趣的是，在不同类型的启动子上，PIC 的组装从相同的启动子 -TF Ⅱ D-TF Ⅱ A 的构象开始，在 cPIC 复合物组装过程中分化为两条不同的路径，但在最后又组装成了完全一样的 hPIC 构象，以相同的状态开始基因的转录。

据研究显示，TATA 框元件常存在于一些组织特异性和细胞特异性的基因启动子上。这些基因的表达需要受到非常严格的调控，保证其在需要的时候能够被迅速且强有力的激活[8, 18]。因此，我们推测"三步到位"的 PIC 组装方式可能为该类型的基因表达提供了多一层的调控，保证只有当 PIC 复合物被正确组装后，才能够起始该类基因的转录，防止错误转录反应的发生。

此外，我们还观察到了一个令人非常意外的现象，在无 TATA 框的启动子上组装的 PIC 复合物，即使没有 TATA 框存在，处于 PIC 复合物中的 TBP 同样能够像弯曲 TATA 框启动子一样弯曲无 TATA 框的启动子。这一现象颠覆以往对 TBP 只结合 TATA 框的传统看法，很好地回答了基因转录为何可发生在几乎所有类型的启动子上。从结构上来看，当 PIC 复合物中 TBP 结合并弯折启动子后，能够将 PIC 稳定"固定"在启动子上，使其在后续下游启动子发生解旋和推动时，不会发生旋转和滑移[19]，这也解释了为什么 TBP 对于所有类型基因的转录都非常重要。因此，在 PIC 的组装过程中，TBP 蛋白和 TF Ⅱ D 复合物的功能是相辅相成的，既需要 TF Ⅱ D 作为关键的识别和支架蛋白帮助 TBP 正确的定位，又需要 TBP 作为重要的弯曲和固定启动子的蛋白，保证转录反应的正常起始。

3. 完整 PIC- 中介体转录前起始超级复合物的结构与功能

中介体复合物是细胞内最关键的转录共激活因子。研究显示，中介体能够促进 PIC 组装并激活细胞内几乎所有活跃基因的转录起始。那么中介体是如何调控 PIC 组装，如何激活基因转录的呢？带着这个问题，我们在 PIC 复合物的基础上进一步组装并解析了 hPIC- 中介体复合物的三维结构（图 4-3）。

相比于 PIC 复合物，PIC- 中介体复合物的组成更加复杂，共含有 76 个蛋白，分子量达到了 4.1MD，整个复合物的三维尺寸达到 42nm× 37nm×24nm，相当于乙肝病毒核衣壳的大小（图 4-4）。在 PIC- 中介体复合物结构中，中介体和 TF Ⅱ D 分别结合在 TF Ⅱ H 的上下两面，使 TF Ⅱ H 能够更加稳定地结合在复合物中并发挥活性（图 4-4）。当转录起始时，TF Ⅱ H 中的移位酶（xeroderma pigmentosum type B，XPB）将启动子 DNA 双链打开，并将模板链推进 RNA 聚合酶Ⅱ催化中心进行转录，

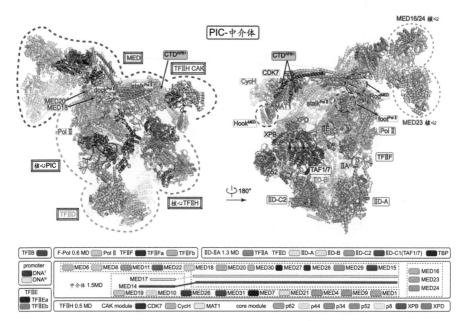

图 4-3　PIC- 中介体复合物结构模型

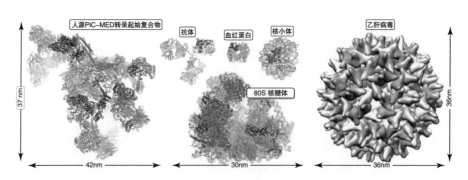

图 4-4　PIC- 中介体结构与其他代表性复合物的对比

TF Ⅱ H 中的细胞周期蛋白依赖激酶 7（cyclin dependent kinase 7，CDK7）则通过磷酸化 RNA 聚合酶Ⅱ的 CTD 释放聚合酶，使其进入转录延伸阶段，两者的活性都是转录起始所必需的。因此，在 PIC- 中介体复合物中，中介体和 TF Ⅱ D 两者相互协调帮助 TF Ⅱ H 在复合物中稳定定位，有助于基因转录起始的发生。

通过对比未结合 PIC 时的中介体复合物与 PIC- 中介体复合物的三维结构，我们发现当中介体结合 PIC 时会发生显著的模块重排，导致头部内夹和中部下倾的构象发生变化（图 4-5）。中介体的头部和中部的两个模块

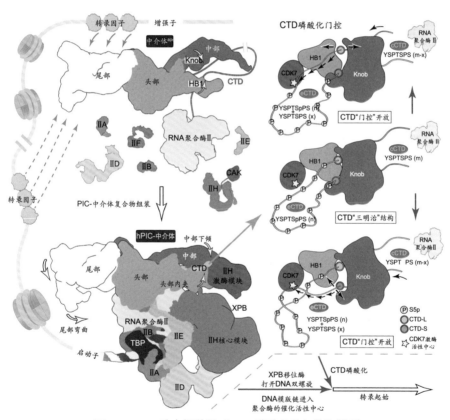

图 4-5 PIC 动态组装及"CTD 磷酸化的门控"模型

注：左图是结合在增强子 / 启动子上的转录因子将中介体招募至核心启动子区，与 RNA 聚合酶 Ⅱ 及通用转录因子 TF Ⅱ D、TF Ⅱ A、TF Ⅱ B、TF Ⅱ E、TF Ⅱ F 和 TF Ⅱ H 共同组装形成 PIC- 中介体复合物的过程示意，在组装形成 PIC- 中介体复合物的过程中，中介体发生模块重组，产生构象变化；右图为"CTD 磷酸化的门控"模型。

夹住 RNA 聚合酶 II 的 CTD 形成"三明治"结构，使裸露在 CDK7 激酶附近的 CTD（eCTD）被磷酸化。同时，头部和中部的动态结合又形成"CTD 磷酸化门控"系统，部分开放的"门"使内部的 CTD（cCTD）能够被释放出来，保证 CTD 能够有效且持续性地被 CDK7 激酶所磷酸化。而完全磷酸化的 CTD 无法结合中介体，从而导致 PIC- 中介体复合物解离，促进 RNA 聚合酶 II 离开启动子区，进入转录延伸阶段。

总结与展望

本研究一系列完整的转录前起始复合物结构，首次展现了基因转录起始前起始复合物在基因启动子区组装的完整动态过程，在分子水平上描绘出了一个全新的基因转录起始面貌，回答了转录为何发生在几乎所有基因的启动子上，揭示了中介体促进激活转录的机制，为后续研究基因表达调控奠定了理论基础。

这是一个很好的开始，但是完全阐释基因转录起始调控机制还有很长的路要走，还有很多的问题亟待解决。例如，目前的研究都是在 DNA 的模板上开展的，但细胞内的基因组是以染色质的形式存在的，那么在染色质上转录起始复合物是如何组装的？染色质是如何调控转录起始复合物组装的？RNA 聚合酶 II 是如何从转录起始阶段进入延伸阶段这个过程的？转录起始复合物如何逐步解聚？解聚后通用转录因子会以怎样的形式保留在基因启动子区，以迅速起始下一轮基因转录的？研究显示细胞内存在大量不同种类的转录因子，转录因子可以招募转录起始复合物和表观因子到靶基因激活基因的转录，那么众多不同种类的转录因子是如何靶向转录起始复合物的，其激活转录的机制是什么？等等。这些都只是冰山一角，关于基因转录起始调控的机制还有很多有趣的问题在等着我们去发现和解答。

参考文献

[1] Roeder R G, Rutter W J. Multiple forms of DNA-dependent RNA polymerase in eukaryotic organisms[J]. Nature, 1969, 224（5216）: 234-237.

[2] Roeder R G, Rutter W J. Specific nucleolar and nucleoplasmic RNA polymerases[J]. Proceedings of the National Academy of Sciences of the USA, 1970, 65（3）: 675-682.

[3] Zylber E A, Penman S. Products of RNA polymerases in HeLa cell nuclei[J]. Proceedings of the National Academy of Sciences of the USA, 1971, 68（11）: 2861-2865.

[4] Weil P A, Blatti S P. HeLa cell deoxyribonucleic acid dependent RNA polymerases: function and properties of the class Ⅲ enzymes[J]. Biochemistry, 1976, 15（7）: 1500-1509.

[5] Lee T I, Young R A. Transcription of eukaryotic protein-coding genes[J]. Annual Review of Genetics, 2000, 34: 77-137.

[6] Juven-Gershon T, Kadonaga J T. Regulation of gene expression via the core promoter and the basal transcriptional machinery[J]. Development Biological, 2010, 339（2）: 225-229.

[7] Vo Ngoc L, Wang Y L, Kassavetis G A, et al. The punctilious RNA polymerase Ⅱ core promoter[J]. Genes Development, 2017, 31（13）: 1289-1301.

[8] Sandelin A, Carninci P, Lenhard B, et al. Mammalian RNA polymerase Ⅱ core promoters: insights from genome-wide studies[J]. Nature Reviews Genetics, 2007, 8（6）: 424-436.

[9] Vo Ngoc L, Huang C Y, Cassidy C J, et al. Identification of the human DPR core promoter element using machine learning[J]. Nature, 2020, 585（7825）: 459-463.

[10] Thomas M C, Chiang C M. The general transcription machinery and general cofactors[J]. Critical Reviews in Biochemistry And Molecular Biology, 2006, 41（3）: 105-178.

[11] Buratowski S, Hahn S, Guarente L, et al. Five intermediate complexes in

transcription initiation by RNA polymerase Ⅱ［J］. Cell, 1989, 56（4）: 549-561.

［12］ Van Dyke M W, Roeder R G, Sawadogo M. Physical analysis of transcription preinitiation complex assembly on a class Ⅱ gene promoter［J］. Science, 1988, 241（4871）: 1335-1338.

［13］ Svejstrup J Q, Wang Z, Feaver W J, et al. Different forms of TF Ⅱ H for transcription and DNA repair: holo-TF Ⅱ H and a nucleotide excision repairosome［J］. Cell, 1995, 80（1）: 21-28.

［14］ Soutourina J. Transcription regulation by the Mediator complex［J］. Nature Reviews Molecular Cell Biology, 2018, 19（4）: 262-274.

［15］ Chen X, Qi Y, Wu Z, et al. Structural insights into preinitiation complex assembly on core promoters［J］. Science, 2021, 372（6541）: 480.

［16］ Chen X, Yin X, Li J, et al. Structures of the human Mediator and Mediator-bound preinitiation complex［J］. Science, 2021, 372（6546）: 1055.

［17］ Nikolov D B, Chen H, Halay E D, et al. Crystal structure of a TF Ⅱ B-TBP-TATA-element ternary complex［J］. Nature, 1995, 377（6545）: 119-128.

［18］ Haberle V, Stark A. Eukaryotic core promoters and the functional basis of transcription initiation［J］. Nature Reviews Molecular Cell Biology, 2018, 19（10）: 621-637.

［19］ Grunberg S, Warfield L, Hahn S. Architecture of the RNA polymerase Ⅱ preinitiation complex and mechanism of ATP-dependent promoter opening［J］. Nature Structural & Molecular Biology, 2012, 19（8）: 788-796.

05 提高中晚期鼻咽癌疗效的高效低毒治疗新模式

马 骏 张靖婧 陈雨沛

引 言

鼻咽癌是一种头颈部恶性肿瘤，高发于中国，南方发病率高于北方，且发病人群以中青年为主，严重危害我国人民的生命健康。由于鼻咽癌的发病部位隐匿且毗邻重要生命器官（如脊髓、颅底），所以难以对其进行手术。鼻咽癌细胞对高能射线非常敏感，所以放疗成了鼻咽癌的主要治疗手段。

对于放疗后达到临床完全缓解的患者，由于顽固的肿瘤微小转移灶，约25%的患者仍然会出现远处转移。这是鼻咽癌治疗失败的主要原因。只有加用全身化疗，才能进一步提高疗效。然而，由于放疗后患者身体耐受性差，继续加用高强度的传统化疗（也称辅助化疗），不仅未能有效减少转移，而且严重毒副作用的发生率高达42%，成为制约疗效提高的瓶颈。因此，如何突破传统化疗模式，探讨有效抑制鼻咽癌转移的新型治疗策略，是临床上亟待解决的一大难题。

对此，中山大学肿瘤防治中心马骏研究团队提出了放疗后小剂量、长时间口服卡培他滨的节拍化疗模式。其可通过抑制血管生成、免疫调节等机制持续抑制微小残留肿瘤，同时提高机体耐受性。马骏研究团队通过一项多中心、前瞻性临床试验发现——在放疗后使用"节拍卡培他滨辅助化疗"可将失败风险显著降低45%，且严重毒副作用的发生率减少了60%，节拍卡培他滨辅助化疗的完成率达74%。同时，卡培他滨是口服用药，使用方便，易于向基层推广。由此，该研究打破了传统化疗的瓶颈，建立了鼻咽癌国际领先、高效低毒且简单易行的治疗新标准。该研究由中国学者独立完成，以论著（article）的形式发表于医学顶尖期刊《柳叶刀》（*Lancet*）。

研究背景

鼻咽癌是一种地域分布极不均衡的头颈部恶性肿瘤，对中国的华南地区、东南亚和北非的公共卫生事业构成了重大威胁。2018年，全球约有13万鼻咽癌病例，其中流行区域的病例占70%以上[1, 2]。局部区域的晚期鼻咽癌患者，特别是预后不良的亚组，几乎完全通过放化疗来实现肿瘤的疾病控制。基于顺铂的同期放化疗是当前放化疗策略的基石，而基于顺铂的诱导化疗被认为可通过减少高危患者的远处转移来延长生存时间[3]。然而，尽管大多数患者在根治性放化疗后可以达到临床完全缓解，但无论是否使用诱导化疗，约30%的患者仍会出现疾病局部区域复发或远处转移[4-8]。因此，患者迫切需要额外的辅助治疗以减少疾病复发与死亡的风险。

不幸的是，在根治性放化疗的基础上加入辅助化疗在鼻咽癌中的疗效仍存在争议。既往研究表明，无论是使用顺铂和氟尿嘧啶[9, 10]，还是吉西他滨和顺铂[11]的辅助化疗方案，所有临床结局均未观察到显著差异。在根治性放化疗后应用辅助化疗，由于常规化疗方案的高毒性和患者的低耐受性，导致了辅助治疗的疗效不佳[9-11]。因此，我们亟须更为有效的辅助治疗方案。

节拍化疗是指在不延长停药期的情况下，长期高频而规律地给予低剂量化疗药物的抗肿瘤模式，具有毒性低、依从性好等优点[12, 13]。生物学上，人们认为节拍化疗主要通过靶向血管生成发挥抗肿瘤活性，其他机制包括免疫激活和直接杀伤肿瘤细胞等作用[13-16]。临床上，一些临床试验也显示了节拍化疗在乳腺癌和结直肠癌等其他恶性肿瘤中的有效性[17-20]。在鼻咽癌中，几项回顾性研究也报道了口服氟尿嘧啶类药物的节拍辅助化疗可显著减少高危鼻咽癌患者的复发[21-23]。因此，节拍化疗是鼻咽癌的一个潜在辅助治疗选择。

卡培他滨是一种便捷的口服氟尿嘧啶类药物，在复发性和（或）转移性鼻咽癌患者中，已取得明确的临床疗效[24-26]。并且用卡培他滨替代静脉输注氟尿嘧啶在不牺牲对局部区域晚期鼻咽癌的疗效的前提下，降低毒性[27]。因此，卡培他滨是一个有希望应用于节拍化疗的候选药物。然而，在新诊断的局部区域晚期鼻咽癌患者中，节拍卡培他滨的有效性和安全性仍不清楚。鉴于此，我们开展了一项平行组、多中心、随机、对照Ⅲ期临床试验，以评估节拍卡培他滨辅助化疗在接受了根治性放化疗的高危局部区域晚期鼻咽癌患者中的疗效以及安全性。

研究目标

本研究是一项平行组、多中心、随机、对照Ⅲ期试验，研究目标是比较节拍卡培他滨辅助化疗和单纯临床观察之间的疗效和毒性差异。本试验以 1 : 1 的比例将接受了根治性放化疗后的高危局部区域晚期鼻咽癌患者随机分组，分别接受节拍卡培他滨辅助化疗和单纯临床观察。

1. 研究设计和参与者

来自中国 14 家医院的患者被纳入这项开放标签、平行、随机、对照Ⅲ期临床试验。本试验纳入标准：年龄在 18 ～ 65 岁；组织学证实患非角化性高危局部区域晚期鼻咽癌（Ⅲ～ⅣA 期，排除复发风险较低的 $T_{3-4}N_0$ 和 T_3N_1[28, 29]），分期依据的是美国癌症联合委员会 / 国际抗癌联盟（American Joint Committee on Cancer/Union for International Cancer Control，AJCC/UICC）第 8 版分期系统[30]。符合条件的患者必须先完成推荐的标准治疗[31, 32]，包括根治性放化疗（调强放疗联合同期顺铂化疗），联合或不联合诱导化疗（基于顺铂的 2 个或 3 个周期的方案）。其他纳入标准：患者经根治性放化疗后无局部区域残留或远处转移；在随机分组前12 ～ 16 周内完成最后一次放疗；东部肿瘤协作组体能状态评分为 0 分或1 分；血液学指标和肝肾功能良好。

关键排除标准：标准治疗前接受过鼻咽部或颈部放疗或化疗；放疗前或放疗期间接受过手术（诊断程序除外）、生物治疗或免疫治疗；正在或打算接受其他化学疗法、生物疗法或免疫疗法；有癌症病史；患有干扰口服药物能力的疾病；有重度合并症；哺乳期或妊娠期。协议里提供了试验的全部细节（包括统计分析计划）。在进行任何治疗之前，患者同意登记并接受标准治疗。

2. 试验组与对照组

试验组（节拍卡培他滨组）患者口服卡培他滨，剂量为每平方米体表面积 650mg，每日两次，持续 1 年。如果出现不可接受的毒性反应、证实的疾病复发、撤回同意或满足停药标准，则停用研究药物。对照组（标准治疗组）则仅接受临床观察。

随机分组前，患者需接受局部区域残留或远处转移的基本评估：完整病史、体格检查、鼻咽镜检查、鼻咽部和颈部的核磁共振成像（magnetic resonance imaging，MRI）或计算机断层扫描（computed tomography，CT）、腹部和胸部的 CT、骨骼闪烁显像。如果可行，每家医院都应检测血浆 EB 病毒（epstein-barr virus，EBV）DNA 水平。当患者检测到血浆 EBV-DNA 或怀疑存在局部区域残留或远处转移时，应采用正电子发射计算机断层显像（positron emission tomography-computed tomography，PET-CT），必要时进行活检或细针穿刺。基线评估在随机分组前 2 周内完成。

计划前 3 年内每 3 个月评估一次疗效，之后每 6 个月评估一次。对疑似局部区域复发或远处转移的患者，可考虑进行细针穿刺或活检。对节拍卡培他滨组，在基线时进行一次安全性评价，前 3 个月每 3 周进行一次，之后每 6 周进行一次，直至治疗完成或中止，中止治疗后需进行 1 个月的随访。对标准治疗组，在基线时进行一次安全性评价，然后每 3 个月进行一次，直至 1 年或观察中止。卡培他滨相关毒性反应分级采用《常见不良事件评价标准》（*Evaluation Criteria For Common Adverse Reaction Events*，*CTCAE*）4.0 版。根据协议，我们会对引起不良事件的剂量进行调整。

3. 结局

主要终点为无失败生存（failure free survival，FFS），其定义为在意向治疗人群中，从随机化开始至疾病复发（远处转移或局部区域复发）或由任何原因导致患者死亡（以两者先发生的为准）的时间。次要终点包括总生存（overall survival，OS）、无远处失败生存（distant FFS，D-FFS）、无局部区域失败生存（local region FFS，LR-FFS）和安全性。OS 定义为从随机分组至死亡的时间；D-FFS 定义为从随机分组至证实远处转移或任何原因死亡的时间；LR-FFS 定义为从随机分组至证实局部区域复发或任何原因死亡的时间。当以局部区域复发作为终点事件进行分析时，将首次失效事件为远处转移的患者定义为删失；反之亦然。如果首次观察到的终点事件为远处转移和局部复发的复合（二者同时观察到），那以任何一个结局为终点事件时，该病例都算是发生了终点事件。在最后一次随访时，对没有远处转移或局部复发的存活患者或失访的患者定义为删失。

📓 研究内容及成果

1. 患者的基线特征和治疗情况

在 2017 年 1 月至 2018 年 10 月，我们在 14 家医院纳入了 406 例患者，并随机分配到节拍卡培他滨组（$n=204$）或标准治疗组（$n=202$）。两组患者的基线特征平衡良好（表 5-1）。在所有患者中，82% 患有 N_2 或 N_3 期疾病。根据当地实践指南，大多数患者（78%）在根治性放化疗前接受了 2 个或 3 个周期的基于顺铂的诱导化疗，并且两组之间不同肿瘤和淋巴结分期的患者诱导化疗实施情况相似。

节拍卡培他滨组从放疗完成到随机分组的中位时间为 14 周（四分位间距：13 ～ 15），标准治疗组为 15 周（四分位间距：13 ～ 15）。有 5 例患者退出试验，因此没有对他们开始随机分组的干预（表 5-1）。安全性人群包括节拍卡培他滨组的 201 例患者和标准治疗组的 200 例患者。符合方案人群包括 397 例患者（节拍卡培他滨组的 199 例和标准治疗组的 198 例），排除了 4 例不符合条件的患者：3 例（1 例节拍卡培他滨组和 2 例标准治疗组）未接受至少 200mg/m^2 的同步顺铂化疗，1 例节拍卡培他滨组接受了 1 个周期的同步顺铂化疗和 2 个周期的同步奈达铂化疗。

表 5–1　患者基线特征

特征	节拍卡培他滨组（$n=204$）	标准治疗组（$n=202$）
年龄（岁）		
中位数	45	46
范围	22～65	18～65
性别［例（百分比）］		
男性	161（79%）	150（74%）
女性	43（21%）	52（26%）
ECOG 体能状态评分［例（百分比）］†		
0	109（53%）	115（57%）
1	95（47%）	87（43%）
原发肿瘤分期［例（百分比）］‡		
T$_1$	5（2%）	6（3%）
T$_2$	27（13%）	31（15%）
T$_3$	83（41%）	77（38%）
T$_4$	89（44%）	88（44%）
淋巴结分期［例（百分比）］‡		
N$_1$	39（19%）	35（17%）
N$_2$	105（51%）	113（56%）
N$_3$	60（29%）	54（27%）
总分期［例（百分比）］‡		
Ⅲ	69（34%）	73（36%）
ⅣA	135（66%）	129（64%）

续表

特征	节拍卡培他滨组（$n=204$）	标准治疗组（$n=202$）
诱导化疗［例（百分比）］		
有	158（77%）	158（78%）
无	46（23%）	44（22%）
诱导化疗方案［例（百分比）］		
多西他赛－顺铂	113（72%）	120（76%）
多西他赛－顺铂－氟尿嘧啶	35（22%）	28（18%）
吉西他滨－顺铂	10（6%）	10（6%）
诱导化疗周期［例（百分比）］		
2	45（28%）	46（29%）
3	113（72%）	112（71%）
同期顺铂给药［例（百分比）］		
3 周 1 次	196（96%）	193（96%）
每周 1 次	8（4%）	9（5%）

注：节拍卡培他滨组患者在同期放化疗（联合或不联合诱导化疗）后接受节拍卡培他滨作为辅助治疗，标准治疗组患者在同期放化疗（联合或不联合诱导化疗）后接受临床观察；两组患者的基线特征无显著差异；由于四舍五入，百分比总计可能不是 100%；† 东部肿瘤协作组（eastern cooperative oncology group，ECOG）体能状态评分为 0 分或 1 分，分别表示无症状和有症状但能走动；‡ 肿瘤和淋巴结分类和疾病分期依据美国癌症联合委员会第 8 版癌症分期系统。

　　在开始节拍卡培他滨治疗的 201 例患者中，中位治疗时间为 12.1 个月（范围为 0.4 ~ 12.2）。节拍卡培他滨组中，共 37 例（18%）患者出现了药物减量，其中 28 例患者（14%）的卡培他滨剂量减少了一个水平（即起始剂量的 75%），另外 9 例患者（4%）减少了两个水平（即起始剂量的 50%）。在节拍卡培他滨组中，由于不良反应导致的药物中断、药物减量以及药物终止分别发生在 52 例（26%）、28 例（14%）以及 10 例（5%）患者中；4 例（2%）患者因疾病复发导致中止治疗。在节拍卡培他滨组中，149 例（74%）患者完成了为期 1 年的治疗。卡培他滨的中位相对剂量强度为 98.1%（四分位间距：72.0% ～ 100%）。

2. 疗效

总体中位随访时间为 38 个月（四分位间距：33 ～ 42），若从标准治疗开始计算，相当于 45 个月（四分位间距：40 ～ 49）。我们记录到共 82 例疾病复发或死亡事件（全部试验人群中 20% 的患者），包括节拍卡培他滨组 204 例患者中的 29 例（14%）和标准治疗组 202 例患者中的 53 例（26%）。在意向治疗人群中，节拍卡培他滨组疾病复发或死亡的累积发生率为 16.6%，标准治疗组为 29.0%。节拍卡培他滨组的 3 年无失败生存率优于标准治疗组（图 5-1A）。这个风险比表示疾病复发或死亡风险降低 50%，表明节拍卡培他滨组患者的无失败生存期显著长于标准治疗组患者。符合方案人群也显示了相似的结果（复发或死亡的非分层风险比为 0.48，95% CI 为 30% ～ 77%）。

在分析时，节拍卡培他滨组 204 例患者中 12 例（6%）和标准治疗组 202 例患者中 25 例（12%）出现死亡。节拍卡培他滨组的 3 年总生存率优于标准治疗组（图 5-1B）。同样地，节拍卡培他滨组的 3 年无远处失败生存率优于标准治疗组，节拍卡培他滨组的 3 年无局部区域失败生存率优于标准治疗组（图 5-1C 和图 5-1D）。

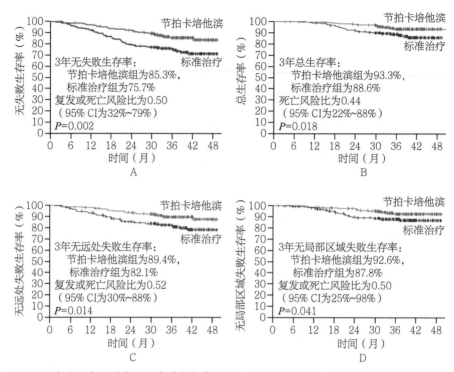

图 5–1　意向治疗人群中的无失败生存率（A）、总生存率（B）、无远处失败生存率（C）
和无局部区域失败生存率（D）的 Kaplan-Meier 分析

注：采用分层 Cox 比例风险模型计算风险比和 95% 置信区间；删失的数据用记号表示。

在所有患者的亚组中，我们都观察到了节拍卡培他滨在无失败生存方
面的一致疗效，包括不同的肿瘤和淋巴结分期的患者、不同疾病分期的患
者。值得注意的是，无论患者是否接受了诱导化疗，节拍卡培他滨辅助均
可提高疗效。随机分组前，节拍卡培他滨组 204 例患者中有 144 例（71%）
和标准治疗组 202 例患者中有 146 例（72%）接受了放疗后血浆 EBV-
DNA 检测，节拍卡培他滨组 204 例患者中有 15 例（7%）和标准治疗组
202 例患者中有 13 例（6%）进行了放疗后 PET-CT 扫描。在一项事后探
索性的分析中，我们观察到在接受或未接受放疗后血浆 EBV-DNA 检测的

患者之间，以及进行或未进行放疗后 PET-CT 扫描的患者之间的疾病复发或死亡风险无明显差异。

3. 安全性

总体而言，安全性分析包括 401 例患者（节拍卡培他滨组，$n=201$；标准治疗组，$n=200$；表 5-2）。在节拍卡培他滨组和标准治疗组中，1 级或 2 级不良事件的发生率分别为 73%（147/201）和 51%（101/200）；3 级不良事件发生率分别为 17%（35/201）和 6%（11/200）。除了节拍卡培他滨组中 1 例（<1%）患者出现 4 级中性粒细胞减少，未报告其他 4 级或 5 级不良事件。节拍卡培他滨组中，最常见的不良事件是手足综合征，出现在了 117 例患者（58%）中，其中 18 例（9%）患有 3 级手足综合征；最常见的血液学不良事件（即发生在超过 20% 的患者中）包括贫血 [71 例（35%）] 和白细胞减少 [54 例（27%）]；而其他常见的非血液学不良事件包括疲劳 [55 例（27%）] 和恶心 [44 例（22%）]。大多数不良事件为 1 级或 2 级。除手足综合征外，节拍卡培他滨组和标准治疗组的 3 级或 4 级不良事件发生率相似。两组均未报告有严重不良事件发生。

表 5-2　不良事件

不良反应种类	节拍卡培他滨组（n=201）			标准治疗组（n=200）		
	任何级别	1～2 级	3～4 级†	任何级别	1～2 级	3～4 级†
发生不良事件的患者人数 [例（百分比）]						
任何不良反应	182（91%）	147（73%）	35（17%）	112（56%）	101（51%）	11（6%）
血液学不良反应人数 [例（百分比）]						
白细胞减少	54（27%）	48（24%）	6（3%）	39（20%）	33（17%）	6（3%）
中性粒细胞减少	37（18%）	30（15%）	7（4%）	25（13%）	20（10%）	5（3%）
贫血	71（35%）	70（35%）	1（<1%）	51（26%）	49（25%）	2（1%）

续表

不良反应种类	节拍卡培他滨组（n=201）			标准治疗组（n=200）		
	任何级别	1～2级	3～4级†	任何级别	1～2级	3～4级†
血小板减少	24（12%）	23（11%）	1（<1%）	19（10%）	19（10%）	0（0%）
非血液学不良反应人数［例（百分比）］						
手足综合征	117（58%）	99（49%）	18（9%）	0（0%）	0（0%）	0（0%）
疲劳	55（27%）	54（27%）	1（<1%）	36（18%）	36（18%）	0（0%）
恶心	44（22%）	42（21%）	2（1%）	21（11%）	21（11%）	0（0%）
感觉神经病	37（18%）	34（17%）	3（1%）	16（8%）	14（7%）	2（1%）
食欲不振	36（18%）	36（18%）	0（0%）	18（9%）	18（9%）	0（0%）
体重下降	27（13%）	30（15%）	0（0%）	13（7%）	13（7%）	0（0%）
呕吐	26（13%）	25（12%）	1（<1%）	14（7%）	14（7%）	0（0%）
ALT/AST 水平升高	23（11%）	23（11%）	0（0%）	15（8%）	15（8%）	0（0%）
黏膜炎或口腔炎	21（10%）	20（10%）	1（<1%）	9（5%）	9（5%）	0（0%）
腹泻	19（9%）	18（9%）	1（<1%）	4（2%）	4（2%）	0（0%）

注：本表中列出了至少 10% 的患者报告的治疗相关不良事件或节拍卡培他滨组中出现的 3 级及以上级别的治疗相关不良事件，均依据不良事件的最高通用术语标准分级；安全性分析包括开始接受随机分配的治疗或观察的所有患者（安全性人群）；患者可能发生多种不良事件；ALT 是谷丙转氨酶（alanine transaminase）的简写，AST 是天冬氨酸氨基转移酶（aspartate transaminase）的简写；†节拍卡培他滨组 1 例患者（<1%）发生 4 级中性粒细胞减少；未报告其他 4 级或 5 级不良事件。

▦ 总结与讨论

在这项随机、对照Ⅲ期临床研究中，我们招募了一批高危局部区域晚期鼻咽癌患者（不包括 $T_{3\sim4}N_0$ 和 T_3N_1 疾病），发现在根治性放化疗后使用节拍卡培他滨辅助治疗可显著改善无失败生存，将疾病复发或死亡的风险降低了 50%，3 年无失败生存率组间差异估计为 9.6%（节拍卡培他滨组为 85.3%，标准治疗组为 75.7%）。节拍卡培他滨作为辅助治疗的主要疗效主要归因于降低了远处转移的风险。

在放化疗结束后最初的 6 个月内，鼻咽癌患者耐受性差是基于顺铂的常规辅助化疗方案容易失败的关键原因：在之前的研究中，只有 50%～60% 的患者完成了规定的辅助化疗方案[9-11]。与常规化疗相比，节拍化疗具有耐受性好、毒性低的优点[12, 13]。此外，对于资源有限的国家（如鼻咽癌流行的地区）来说，这种低成本且方便的治疗策略，是改善患者生存结局的有吸引力的方案[33]。总体而言，节拍化疗可能是鼻咽癌患者一个理想的辅助治疗选择。

在对两项使用顺铂和氟尿嘧啶传统辅助化疗方案的随机试验的亚组分析中，Lee 及其同事发现，氟尿嘧啶的剂量是辅助治疗期间影响提高远处转移控制的唯一因素[34]。此外，有回顾性研究表明，在使用口服氟尿嘧啶类药物的节拍辅助化疗后，生存结局有所改善[21-23]。因此，本试验对口服氟尿嘧啶类药物卡培他滨进行了研究。研究结果显示了在高危局部区域晚期鼻咽癌中持续 1 年给予低剂量卡培他滨（按体表面积 650mg/m²，每日两次）的有效性。值得注意的是，与我们之前评估多西他赛、顺铂和氟尿嘧啶[6]或吉西他滨和顺铂[8]诱导方案疗效的试验中的局部区域晚期鼻咽癌患者相比，本研究中的患者疾病复发风险更高。这是因为该试验排除了 T_3N_1 期患者，且更大比例的患者［332 例（82%）］被归类为 N_2～N_3 期疾病[28, 29]。此外，需要注意的是，虽然我们在这里使用了"低剂量"一词，但单位时间内节拍卡培他滨的累积剂量与常规给药方案（按体表面积 1000mg/m²，每日两次，持续给药 2 周，然后停药 1 周）基本相当。

节拍卡培他滨的 3 级或更高级别不良事件发生率为 17%（35/201），其毒性似乎低于其他常规辅助化疗方案，如顺铂和氟尿嘧啶（42%）[9]、吉西他滨和顺铂（>80%）[11]。此外，节拍卡培他滨组未观察到任何严重不良事件发生。然而，值得注意的是，在接受节拍卡培他滨治疗的患者中，包括手足综合征、贫血、疲劳、白细胞减少和恶心在内的不良事件发生率仍然较高，尽管这些不良事件通常是可控的。

发展前景与展望

我们的研究发现，在根治性放化疗后使用节拍卡培他滨辅助治疗可显著改善高危局部区域晚期鼻咽癌患者的无失败生存率，且其安全性可控。

需要注意的是，这项研究是在流行地区进行的，因此未来需在欧洲和北美等非流行地区进一步阐明节拍卡培他滨辅助治疗的有效性，这将有助于进一步推广该治疗模式的全球应用。

另外，未来对节拍卡培他滨辅助治疗的研究还应包括探索其在鼻咽癌患者中的最佳治疗时长。鉴于鼻咽癌患者在放化疗结束后 2 年内复发风险最高，因此为期 1 年的辅助治疗是否已经足够尚未清楚[35]。此外，节拍化疗和免疫治疗联合使用的有效性和安全性也值得进一步探索。既往临床前研究提示节拍辅助化疗具有免疫调节作用，与基于抗程序性死亡 1（programmed death-1，PD-1）单抗的免疫疗法有协同作用[36-38]。一项小型试验结果也显示了，帕博利珠单抗与贝伐珠单抗联合节拍环磷酰胺对复发性卵巢癌患者有良好的治疗前景[39]。

此外，肿瘤的研究已经进入精准医疗的时代，大量研究持续地探索着与肿瘤发生发展相关的分子机制，多种分子生物学标记物被证明可反映肿瘤的生物学特异性。探索可以有效预测节拍化疗疗效的分子标志物是践行个体化治疗的切实可行的方向。

参考文献

［1］ Bray F, Ferlay J, Soerjomataram I, et al. Global cancer statistics 2018: Globocan estimates of incidence and mortality worldwide for 36 cancers in 185 countries［J］. CA: a Cancer Journal for Clinicians, 2018, 68（6）: 394-424.

［2］ Chen Y P, Chan A T C, Le Q T, et al. Nasopharyngeal carcinoma［J］. Lancet, 2019, 394（10192）: 64-80.

［3］ Chen Y P, Ismaila N, Chua M L K, et al. Chemotherapy in combination with radiotherapy for definitive-intent treatment of stage ii-iva nasopharyngeal carcinoma: Csco and asco guideline［J］. Journal of Clinical Oncology, 2021, 39（7）: 840-859.

［4］ Chen Y P, Tang L L, Yang Q, et al. Induction chemotherapy plus concurrent chemoradiotherapy in endemic nasopharyngeal carcinoma: Individual patient data pooled analysis of four randomized trials［J］. Clinical Cancer Research, 2018, 24（8）: 1824-1833.

［5］ Hui E P, Ma B B, Leung S F, et al. Randomized phase ii trial of concurrent cisplatin-radiotherapy with or without neoadjuvant docetaxel and cisplatin in advanced nasopharyngeal carcinoma［J］. Journal of Clinical Oncology, 2009, 27（2）: 242-249.

［6］ Sun Y, Li W F, Chen N Y, et al. Induction chemotherapy plus concurrent chemoradiotherapy versus concurrent chemoradiotherapy alone in locoregionally advanced nasopharyngeal carcinoma: A phase 3, multicentre, randomised controlled trial［J］. Lancet Oncol., 2016, 17（11）: 1509-1520.

［7］ Li W F, Chen N Y, Zhang N, et al. Concurrent chemoradiotherapy with/without induction chemotherapy in locoregionally advanced nasopharyngeal carcinoma: Long-term results of phase 3 randomized controlled trial［J］. International Journal of Cancer, 2019, 145（1）: 295-305.

［8］ Zhang Y, Chen L, Hu G Q, et al. Gemcitabine and cisplatin induction chemotherapy in nasopharyngeal carcinoma［J］. The New England Journal of Medicine, 2019, 381（12）: 1124-1135.

［9］ Chen L, Hu C S, Chen X Z, et al. Concurrent chemoradiotherapy plus adjuvant chemotherapy versus concurrent chemoradiotherapy alone in patients with locoregionally advanced nasopharyngeal carcinoma: A phase 3 multicentre randomised controlled trial［J］. Lancet Oncology, 2012, 13（2）: 163-171.

[10] Chen L, Hu C S, Chen X Z, et al. Adjuvant chemotherapy in patients with locoregionally advanced nasopharyngeal carcinoma: Long-term results of a phase 3 multicentre randomised controlled trial[J]. European Journal of Cancer, 2017（75）: 150–158.

[11] Chan A T C, Hui E P, Ngan R K C, et al. Analysis of plasma epstein-barr virus DNA in nasopharyngeal cancer after chemoradiation to identify high-risk patients for adjuvant chemotherapy: A randomized controlled trial [J]. Journal of Clinical Oncology, 2018: JCO2018777847.

[12] Pasquier E, Kavallaris M, Andre N. Metronomic chemotherapy: New rationale for new directions[J]. Nature Reviews Clinical oncology, 2010, 7（8）: 455–465.

[13] Bocci G, Kerbel R S. Pharmacokinetics of metronomic chemotherapy: A neglected but crucial aspect[J]. Nature Reviews Clinical Oncology, 2016, 13（11）: 659–673.

[14] Klement G, Baruchel S, Rak J, et al. Continuous low-dose therapy with vinblastine and vegf receptor-2 antibody induces sustained tumor regression without overt toxicity[J]. The Journal of Clinical Investigation, 2000, 105（8）: R15–24.

[15] Browder T, Butterfield C E, Kraling B M, et al. Antiangiogenic scheduling of chemotherapy improves efficacy against experimental drug-resistant cancer [J]. Cancer Research, 2000, 60（7）: 1878–1886.

[16] Chen Y L, Chang M C, Cheng W F. Metronomic chemotherapy and immunotherapy in cancer treatment[J]. Cancer Letters, 2017（400）: 282–292.

[17] Wang X, Wang S S, Huang H, et al. Effect of capecitabine maintenance therapy using lower dosage and higher frequency vs observation on disease-free survival among patients with early-stage triple-negative breast cancer who had received standard treatment: The sysucc-001 randomized clinical trial[J]. JAMA, 2021, 325（1）: 50–58.

[18] Simkens L H, van Tinteren H, May A, et al. Maintenance treatment with capecitabine and bevacizumab in metastatic colorectal cancer（cairo 3）: A phase 3 randomised controlled trial of the dutch colorectal cancer group[J]. Lancet, 2015, 385（9980）: 1843–1852.

[19] Bisogno G, De Salvo G L, Bergeron C, et al. Vinorelbine and continuous low-dose cyclophosphamide as maintenance chemotherapy in patients with high-risk rhabdomyosarcoma（rms 2005）: A multicentre, open-label, randomised, phase 3 trial[J]. Lancet Oncology, 2019, 20（11）: 1566–1575.

[20] Patil V M, Noronha V, Joshi A, et al. Phase i/ii study of palliative triple metronomic

chemotherapy in platinum-refractory/early-failure oral cancer [J]. Journal of Clinical Oncology, 2019, 37 (32): 3032-3041.

[21] Twu C W, Wang W Y, Chen C C, et al. Metronomic adjuvant chemotherapy improves treatment outcome in nasopharyngeal carcinoma patients with postradiation persistently detectable plasma epstein-barr virus deoxyribonucleic acid [J]. International Journal of Radiation Oncology, Biology, Physics, 2014, 89 (1): 21-29.

[22] Liu Y C, Wang W Y, Twu C W, et al. Prognostic impact of adjuvant chemotherapy in high-risk nasopharyngeal carcinoma patients [J]. Oral Oncol, 2017 (64): 15-21.

[23] Chen J H, Huang W Y, Ho C L, et al. Evaluation of oral tegafur-uracil as metronomic therapy following concurrent chemoradiotherapy in patients with non-distant metastatic tnm stage iv nasopharyngeal carcinoma [J]. Head & Neck, 2019, 41 (11): 3775-3782.

[24] Chua D, Wei W I, Sham J S, et al. Capecitabine monotherapy for recurrent and metastatic nasopharyngeal cancer [J]. Japanese Journal of Clinical Oncology, 2008, 38 (4): 244-249.

[25] Ciuleanu E, Irimie A, Ciuleanu T E, et al. Capecitabine as salvage treatment in relapsed nasopharyngeal carcinoma: A phase ii study [J]. Journal of B.U.ON: Official Journal of the Balkan Union of Oncology, 2008, 13 (1): 37-42.

[26] Chua D T, Sham J S, Au G K. A phase ii study of capecitabine in patients with recurrent and metastatic nasopharyngeal carcinoma pretreated with platinum-based chemotherapy [J]. Oral Oncology, 2003, 39 (4): 361-366.

[27] Lee A W, Ngan R K, Tung S Y, et al. Preliminary results of trial npc-0501 evaluating the therapeutic gain by changing from concurrent-adjuvant to induction-concurrent chemoradiotherapy, changing from fluorouracil to capecitabine, and changing from conventional to accelerated radiotherapy fractionation in patients with locoregionally advanced nasopharyngeal carcinoma [J]. Cancer, 2015, 121 (8): 1328-1338.

[28] Pan J J, Ng W T, Zong J F, et al. Proposal for the 8th edition of the ajcc/uicc staging system for nasopharyngeal cancer in the era of intensity-modulated radiotherapy [J]. Cancer, 2016, 122 (4): 546-558.

[29] Tang L L, Chen Y P, Mao Y P, et al. Validation of the 8th edition of the uicc/ajcc staging system for nasopharyngeal carcinoma from endemic areas in the intensity-modulated radiotherapy era [J]. Journal of the National Comprehensive Cancer Network : JNCCN, 2017, 15 (7): 913-919.

[30] Amin M B, American Joint Committee on Cancer. Ajcc cancer staging manual [M]. 8th. New York: Springer, 2017.

[31] Lai S Z, Li W F, Chen L, et al. How does intensity-modulated radiotherapy versus conventional two-dimensional radiotherapy influence the treatment results in nasopharyngeal carcinoma patients? [J]. International Journal of Radiation Oncology, Biology, Physics, 2011, 80（3）: 661-668.

[32] Xiao W W, Huang S M, Han F, et al. Local control, survival, and late toxicities of locally advanced nasopharyngeal carcinoma treated by simultaneous modulated accelerated radiotherapy combined with cisplatin concurrent chemotherapy: Long-term results of a phase 2 study [J]. Cancer, 2011, 117（9）: 1874-1883.

[33] Andre N, Banavali S, Snihur Y, et al. Has the time come for metronomics in low-income and middle-income countries? [J]. Lancet Oncology, 2013, 14（6）: e239-248.

[34] Lee A W, Tung S Y, Ngan R K, et al. Factors contributing to the efficacy of concurrent-adjuvant chemotherapy for locoregionally advanced nasopharyngeal carcinoma: Combined analyses of npc-9901 and npc-9902 trials [J]. European Journal of Cancer, 2011, 47（5）: 656-666.

[35] Zhou G Q, Wu C F, Deng B, et al. An optimal posttreatment surveillance strategy for cancer survivors based on an individualized risk-based approach [J]. Nature Communications, 2020, 11（1）: 3872.

[36] Peereboom D M, Alban T J, Grabowski M M, et al. Metronomic capecitabine as an immune modulator in glioblastoma patients reduces myeloid-derived suppressor cells [J]. JCI Insight, 2019, 4（22）: e130748.

[37] He X, Du Y, Wang Z, et al. Upfront dose-reduced chemotherapy synergizes with immunotherapy to optimize chemoimmunotherapy in squamous cell lung carcinoma [J]. Journal Immunother Cancer, 2020, 8（2）: e000807.

[38] Ghonim M A, Ibba S V, Tarhuni A F, et al. Targeting parp-1 with metronomic therapy modulates mdsc suppressive function and enhances anti-pd-1 immunotherapy in colon cancer [J]. Journal Immunother Cancer, 2021, 9（1）: e001643.

[39] Zsiros E, Lynam S, Attwood K M, et al. Efficacy and safety of pembrolizumab in combination with bevacizumab and oral metronomic cyclophosphamide in the treatment of recurrent ovarian cancer: A phase 2 nonrandomized clinical trial [J]. JAMA Oncology, 2021, 7（1）: 78-85.

异源四倍体野生稻快速从头驯化

张静昆　孟祥兵　曾　鹏　余　泓　李家洋

引　言

　　浙江上山遗址出土的少量碳化稻米，是迄今为止发现的最早水稻，已有 1.1 万年的历史。2012 年，科学家通过对野生稻和栽培稻的基因组数据分析，大致推断出栽培稻的起源与扩散路径，即最早源于珠江流域的广西地区，古人类利用当地的野生稻种，经过漫长的人工选择驯化出了粳稻，随后向北和南两个方向扩散，向南一直扩散进入东南亚，在当地与野生稻种杂交，再经过不断的选择，产生了籼稻[1]。我们在被古人的智慧所折服的同时，不免思索，如今的我们拥有全球野生稻天然的遗传宝库，拥有古人难以企及的现代科技，能否超越古人，在短时间内实现野生稻的快速驯化呢？

　　多倍体化是植物进化的驱动力，多倍体植物具有明显的产量优势和较强的环境适应能力[2]。小麦、土豆、棉花、花生、西瓜和咖啡等都是多倍体作物。然而，起源于二倍体野生稻的栽培水稻都是二倍体，培育多倍体的水稻作物一直是育种家和遗传学家努力的方向。1933 年，日本科学家首次发现了多倍体水稻[3]。在后续近 90 年的时间里，多倍体水稻的研究进程较为缓慢，在育种上的应用十分受限。其中一个重要原因是天然存在的多倍体野生稻农艺性状较差，如易落粒等。因此，快速驯化野生稻来创制多倍体水稻作物可为野生种质资源的利用提供范例，将引领未来作物育种新方向。

研究背景

1. 全球粮食安全依然面临巨大挑战

粮食安全一直是关系国民经济发展与社会稳定的重大问题。在世界各国的科学家和育种家的努力下，粮食安全取得了巨大成就。然而，在世界粮食产量不断提升的同时，全球仍然存在大量饥饿和营养不良问题。据 2020 年联合国粮食及农业组织（Food and Agriculture Organization of the United Nations，FAO）的统计结果显示，全球仍有 7.2 亿～ 8.1 亿人处于饥饿状态，约占全球人口总数的 9.9%。全球粮食安全面临的巨大挑战主要有两大方面[4]：一是人口的快速增长导致人类对粮食的需求增加，到 2050 年，世界人口将突破百亿，而粮食增产速度正在接近现代农业开发的极限，远不能满足人类对粮食需求的增长；二是气候变化对粮食稳产产生极大挑战，在全球变暖的背景下，极端天气发生频率明显增加，造成作物的减产甚至绝收。另外，新型病虫害的出现和经济全球化贸易不稳定因素的增加，都对粮食安全保障提出更高要求。

反观国内，我国是农业大国，人口基数大，保障粮食安全更为迫切。中国人口占世界的近 1/5，粮食产量约占世界的 1/4，可见，中国在粮食增产上取得了举世瞩目的成就。然而，我国正处于转型的非常时期，城镇化与工业化进程持续推进，耕地面积很难有效增加，同时国际局部形势的变化要求我国具备更高的抗风险能力。我国农业面临着种田成本持续增高、农业人口向城市过渡、栽培机械化程度较低、水资源匮乏等限制生产的问题。另外，新时期居民对于健康营养食品的需求与供给不平衡，对于新型功能性作物的呼唤与日俱增。因而，尽管我国粮食连年丰收，库存充足，但粮食安全形势依然严峻。

2. 育种技术推动农业革命

育种技术的革新促成农业革命。育种技术的发展经历了 4 个大的阶段：原始的驯化育种、常规传统育种、分子育种和设计育种（或智能化育种）[5]。每个阶段都推动了农业的变革。以野生品种驯化为标志，新石器时代古人类完成了采集狩猎向集中农业的转变，带来人口的迅速增加和部落的崛起。常规育种掀起绿色革命浪潮，在这一时期，杂交育种、诱变育种和杂种优势的利用在小麦、水稻和玉米的增产方面发挥了关键作用，很大程度上解决了温饱问题，实现了农业与人口的繁荣。分子育种充分发挥了分子生物学技术手段的优势，将盲目随机的选育变得更具有导向性和目的性。像抗虫棉等商业化的应用翻开了转基因育种的新篇章。设计育种（或智能化育种）综合了学科发展和技术优势，能够更为精准定向地培育作物。我们可以清楚地看到，每个时代的育种目标一直在改变，对农业生产的主体——作物的要求也在不断更新[6]。从最初选育高产的作物，到培育适应机械化生产、抗倒伏的作物，再到养分利用高、投入少的超级作物，都不断地推动着作物品种的革新。

从长远来看，未来农业呼唤智能作物[7]。要求作物除了高产，还要更加适应环境，保持优质口感，提高营养成分。现有的育种技术受限于遗传亲本狭窄，难以实现智能作物的培育。我们可以发展什么样的育种新策略？如何培育更高产、更适应气候变化的作物？如何综合运用现有的技术手段去服务于作物的培育？这些都是亟待解决的科学问题。

3. 作物驯化"奖惩"并存

现有所有的栽培作物都是经过漫长的驯化而来。驯化是人类尊重自然、利用自然和改造自然的智慧结晶，是提升作物性状以适应农业生产的一个选择过程。重要农艺性状发生改变，如落粒性的丧失，芒长变短，籽粒增大，休眠性降低，株型、穗型、生育期、颜色等的改变，被称为"驯化综合特征（domestication syndrome）"[8]。然而，在驯化选择的过程中，早期人类聚焦于产量性状的选育，而一些其他优势性状或优势基因（如抗逆基因）因未受到选择而逐渐丧失，造成遗传多样性的降低。这也可以部分解释为什么现在的品种存在"高产不抗逆"和"抗逆不高产"的弊端，也被称为"驯化惩罚（domestication Punishment）"[8]。驯化的奖惩并存导致现有品种同质化严重，削弱了农业资源的多样性，进而减弱了农业生态的稳定性和抗风险能力。

如何解决驯化综合特征和驯化惩罚之间的矛盾？一个有效的解决办法是我们在培育作物的同时，既要保证维持种质本身天然的抗逆能力，也要快速改造自身较差的农艺性状。这就要求我们首先找到遗传多样性丰富优势明显的野生资源。以主粮作物水稻为例，稻属（*Oryza*）包括 2 种栽培稻［分别为亚洲栽培稻（*O. sativa*）和非洲栽培稻（*O. glaberrima*）］和 25 种近缘野生稻，包括 6 种二倍体（AA、BB、CC、EE、FF 和 GG）和 5 种异源四倍体（BBCC、CCDD、KKLL、HHKK 和 HHJJ）[9]。野生稻由于未经过驯化选择，具有丰富的遗传多样性，已经有大量研究从野生稻中克隆出抗逆基因用于栽培稻的改良。例如，抗白叶枯的明星基因 *Xa21* 是从长雄野稻（*O. longistaminata*）克隆出来的，并被应用于抗逆品种的培育[10]。

野生稻包括 5 种异源四倍体。先前有研究报道，3 种 CCDD 基因组的野生稻［高秆野生稻（*O. alta*）、阔叶野生稻（*O. latifolia*）和重颖野生稻（*O. grandiglumis*）］以及 KKLL 基因组的密穗野生稻（*O. coarctata*）均具有较强耐盐性[11, 12]。可见，多倍体水稻具有明显优于栽培稻的生长活力和抗逆优势。然而，多倍体水稻的培育几乎是一片空白。多倍体水稻的来源主要有两大途径：一是利用栽培稻（AA 基因组）经过人工加倍产生同源四倍体（AAAA 基因组），但由于同源染色体的产生会增加减数分裂的错误率，从而育性降低[13]，此外，更为重要的是，同源化并未能增加遗传多样性；二是利用自然存在的异源多倍体野生稻进行快速驯化，结合分子设计育种理念，基因组编辑技术能够精准地改良目标性状。这对于野生种质资源的利用和新型作物培育具有指导意义和实践价值。然而，第二种思路是否可行，需要进行探索。

研究内容及成果

1. 首次提出了异源四倍体野生稻从头驯化育种策略

为攻克多倍体水稻育种难题，本团队首次提出了异源四倍体野生稻从头驯化的育种策略[14]。该策略主要分为四大阶段：第一阶段为启动阶段，收集种质资源并从中筛选出合适的优异底盘材料；第二阶段为建立技术体系阶段，建立从头驯化的技术体系，主要的核心技术是绘制高质量的参考基因组、注释与分析功能基因、构建高效的遗传转化和基因组编辑体系；

第三阶段为分子设计与快速驯化阶段，根据育种目标进行分子设计，挖掘野生稻中驯化候选基因并进行基因功能确定，利用多基因编辑技术快速改良驯化基因，创制编辑材料并进行田间综合性状评估。第四阶段为应用与推广阶段，选择田间综合性状最优的新型作物，进行审定、示范与推广（图 6-1）。然而，对于实际研究工作来说，该课题具有很大的挑战性，选择什么样的底盘材料，能不能建立高效工作的技术体系，都是研究推进需要考虑的关键问题。

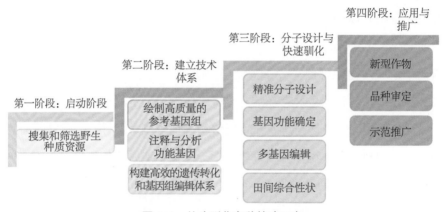

图 6-1 从头驯化育种策略示意

2. 确定高秆野生稻为驯化底盘材料

基于课题组先前的育种实践及文献知识的积累，发现 CCDD 基因组的异源四倍体具有生物量大、应对生物和非生物胁迫能力强的优势。因而，我们重点关注了 CCDD 基因组异源四倍体野生稻。我们搜集源自世界各地的 CCDD 基因组的野生稻共 28 份，其中包括 8 份高秆野生稻、2份重颖野生稻和 18 份阔叶野生稻。我们将这 28 份材料进行遗传转化测试，考察其愈伤诱导和组培再生能力，结果发现一种高秆野生稻表现较优，我们将此种质命名为多倍体"水稻 1 号"（Poly Ploid Rice 1，PPR1）。PPR1 展示出典型的未经驯化的野生稻的特征，如分蘖能力强、生物量大、落粒性强、株型高大、穗型大而松散、无二次枝梗、籽粒细小和长芒等（图 6-2），这符合从头驯化的最初标准。PPR1 虽然远不及栽培稻易于组培再生，但相对容易的遗传操作符合从头驯化的第二标准。我们通过对 PPR1 的基因组扫描，发现 PPR1 的基因组杂合度较低，这暗示着 PPR1 的参考基因组更容易组装，这符合从头驯化的第三标准。因而，综合考虑其性状、遗传转化以及基因组特征，我们确定了 PPR1 为后续研究的底盘材料。

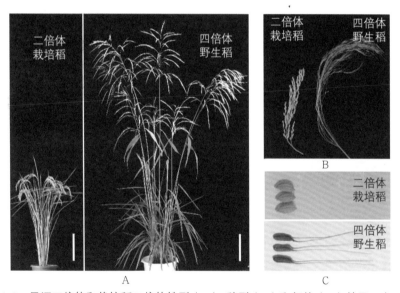

图 6-2 异源四倍体和栽培稻二倍体株型（A）、穗型（B）和籽粒（C）差异示意

注：A. 与二倍体栽培稻相比，四倍体野生稻生物量大，株型高大；B. 四倍体穗型大而松散，具有极强落粒性；C. 四倍体野生稻籽粒细长，具有长芒性状，种皮颜色为黑色。

3. 突破技术瓶颈，建立从头驯化技术体系

高效的遗传转化体系是进行遗传改造的基础。现有的组培再生方法适用于二倍体栽培稻，因而科研人员首要攻克的难题是如何实现 PPR1 的遗传转化。通过不断优化组培体系，包括培养基的成分、培养条件和农杆菌侵染条件等，我们最终将 PPR1 的转化效率提高到 80%，再生效率提高到 40%（图 6-3A）。基于此，我们进一步转化不同的基因组编辑载体，实现了单基因编辑、碱基定点编辑、多基因编辑等（图 6-3B）。这是异源四倍体野生稻以成熟胚为外植体，首次实现高效遗传转化和基因组编辑。

高质量参考基因组的绘制能够提供精确的基因组信息，是挖掘四倍体野生稻重要基因资源以及进行基因组编辑的前提。四倍体基因组结构复杂，难以将同源染色体序列区分到不同亚基因组上。通过综合运用多种测序技术和先进的组装方法，我们最终获得高质量的参考基因组。结果发现，PPR1 的基因组大小为 894.6Mb，相当于栽培稻基因组的两倍（图 6-3C）。这是国际上第一个组装到染色体水平上的多倍体野生稻的参考基因组。更近一步，我们对 PPR1 中进行功能基因注释，共注释出 99312 个蛋白编码基因，其中包括 81421 个高可信度基因。高秆野生稻（CCDD）由药用野生稻（CC，*O. officinalis*）或根状茎野生稻（CC，*O. rhizomatis*）作为母本和澳洲野生稻（DD，*O. australiensis*）作为父本杂交而来。依据基因组信息，我们进一步鉴定出多倍体化进程中易发生的基因组交换与重排，基因重复或丢失事件。同时我们还发现，四倍体野生稻中含有比二倍体更多的抗性基因，这也可能是野生稻抗逆能力强的一个原因。这些结果都表明我们组装成了高质量、高水平的 CCDD 基因组。

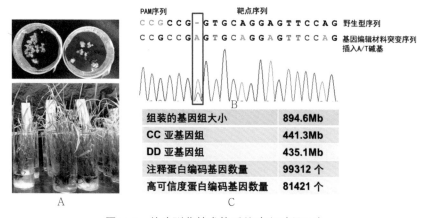

图 6-3　从头驯化技术体系的建立过程示意

注：A. 抗性愈伤和转化再生植株；B. 基因组编辑技术改变了靶标基因的 DNA 序列；C. 组装的基因组大小以及注释功能基因数量。

4. 从头驯化的候选基因资源的鉴定

既然我们已成功建立了从头驯化的所有技术体系，那么下一个问题是能否借鉴二倍体中重要的功能基因知识来指导野生稻的从头驯化呢？我们首先比较了四倍体中注释的高可信度基因和二倍体基因的同源性，发现 77.87% 的基因具有同源性。换句话说，77.87% 的基因可能在二倍体或四倍体中存在相同的功能（图 6-4A）。这就暗示我们可以借鉴二倍体中克隆的重要基因作为从头驯化的候选基因。为了从海量的基因库里面找到真正用于驯化的基因，我们重点关注了 10 个驯化基因（图 6-4B）和 113 个控制重要农艺性状的基因（图 6-4C），包括控制植物营养利用效率、生物胁迫、产量与品质、生育期和非生物胁迫等性状的关键基因。通过同源比对以及基因功能分析，我们鉴定到大量的保守基因，并把它们作为从头驯化的候选基因。为了快速驯化或改良 PPR1 较差的农艺性状，我们将控制落粒性、芒长、株高、籽粒大小、茎秆粗度以及生育期作为后续重点关注的性状。这部分的工作是"站立在巨人的肩膀上",充分参考借鉴了先前二倍体驯化与克隆的基因知识。

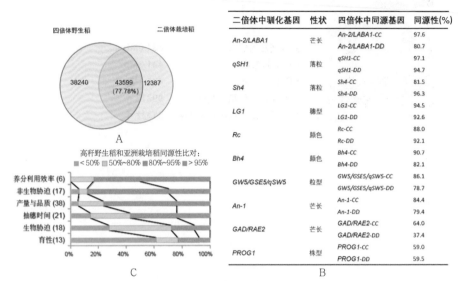

二倍体中驯化基因	性状	四倍体中同源基因	同源性(%)
An-2/LABA1	芒长	An-2/LABA1-CC	97.6
		An-2/LABA1-DD	80.7
qSH1	落粒	qSH1-CC	97.1
		qSH1-DD	94.7
Sh4	落粒	Sh4-CC	81.5
		Sh4-DD	96.3
LG1	穗型	LG1-CC	94.5
		LG1-DD	92.6
Rc	颜色	Rc-CC	88.0
		Rc-DD	92.1
Bh4	颜色	Bh4-CC	90.7
		Bh4-DD	82.1
GW5/GSE5/qSW5	粒型	GW5/GSE5/qSW5-CC	86.1
		GW5/GSE5/qSW5-DD	78.7
An-1	芒长	An-1-CC	84.4
		An-1-DD	79.4
GAD/RAE2	芒长	GAD/RAE2-CC	64.0
		GAD/RAE2-DD	37.4
PROG1	株型	PROG1-CC	59.0
		PROG1-DD	59.5

图 6-4　借鉴二倍体中的重要基因知识指导四倍体从头驯化

注：A. 四倍体和二倍体中同源基因的比对；B. 驯化基因在四倍体中同源基因以及同源性比对；C. 在现代育种中，113 个控制重要农艺性状基因在二倍体和四倍体中同源比对分析，括号中数字代表基因数目。

5. 从头驯化策略的概念性验证

驯化的本质是筛选并固定自然突变形成的优势等位基因。基因组编辑技术能够对基因进行精准编辑，创制出新的优异等位基因。因此，利用基因组编辑技术使漫长的驯化有望在短时间内实现。我们利用基因组编辑技术对落粒基因（QTL of seed shattering in chromosome 1，*qSH1*）、芒长基因（Awn-1，*An-1*）、矮秆基因（semi-dwarf 1，*SD1*）、粒长基因（grain size 3，*GS3*）、理想株型基因（ideal plant architecture 1，*IPA1*）、每穗粒数、株高和抽穗期多效性控制基因（grain number，plant height，and heading date 7，*GHD7*）和控制抽穗期、株高和每穗颖花数的多效性基因（days to heading 7，*DTH7*）进行基因组编辑，成功实现野生稻的快速驯化，初步实现落粒性的降低、芒长的减短、株高的降低、粒长的增加、茎秆的增粗、生育期不同程度的缩短等，分别获得了驯化性状改良的各类四倍体水稻新材料。这一系列结果表明从头驯化具有高度的可行性（图6-5）。

天然抗逆能力的保留
聚合优良性状

异源四倍体野生稻　　　　　从头驯化新作物

图6-5　从头驯化育种策略培育未来新作物

从头驯化策略将人类可利用的遗传资源拓展到野生与半野生种质，为培育新的粮食作物提供了范例，开辟了育种新方向[15]。从头驯化不仅适用于野生水稻，同样也适用于其他野生与半野生资源[16-18]。同时，从头驯化育种策略结合传统的杂交育种理念，在番茄中实现了耐逆性状的快速导入和多样化种植模式[19]。

总结

从头驯化育种策略高度可行，将引领育种新方向。该项工作受到国内外同行的高度关注,《细胞》(*Cell*)《自然》(*Nature*)《国家科学评论》(*National Science Review*)《遗传学和基因组学报》(*Journal of Genetics and Genomics*)《植物学报》(*Bulletin of Botany*)和《遗传》(*Hereditas*)等杂志发表专题评述[20-25]。例如,朱新广研究员和朱健康院士评价:"这是一项激动人心的工作,精准的基因组编辑助力野生植物从头驯化,保证粮食安全。"刘耀光院士评价:"这些工作揭示了利用先进的生物技术从野生植物中快速培育新作物的潜力。"孙传清教授评价:"四倍体野生稻快速驯化:启动人类新农业文明。"《中国科学报》、中央电视台、新华网多家媒体对本项研究成果进行了跟踪报道。"异源四倍体野生水稻快速从头驯化"入选 2021 年度"中国生命科学十大进展"。"异源四倍体野生稻快速从头驯化获得新突破"入选两院院士评选的"2021 年中国十大科技进展新闻"。

展望

据统计,目前只有 2500 个物种、跨越 160 个科的作物已经被驯化或半驯化[26]。未来,随着从头驯化育种底盘材料的多元化,驯化可能会扩大至农业的各个领域。从头驯化策略是育种技术进步的产物,同时也扩充了现有的育种策略。未来植物育种的制约因素在很大程度上取决于如何设计未来作物,编辑哪些重要的基因位点,创制什么类型的等位基因,这就依赖于功能基因组学的研究,对复杂性状的精细调控机理的解析[27]。然而,基因往往具有多效性,产生的表型也多种多样。如何设计不同等位基因的组合来"扬长避短",实现优良性状的聚合是核心关键。明确不同作物驯化的共有和特有的规律,寻找助力驯化的重要元件,通过识别重要的变异位点,发掘优异等位基因,并结合精准的基因组信息以及高通量的表型平台,来助力未来理想作物的设计。

　　作物的从头驯化和新作物的创制依托于基因组编辑技术，也呼唤更加高效多元的编辑方式。基因组编辑技术从应用到植物领域开始，便掀起了应用热潮。短短10年来，基因组编辑技术已展示出强大的优势，能够快速改良作物。最近，中国科学院遗传与发育生物学研究所的高彩霞团队利用CRISPR/Cas9技术创制了抗白粉病小麦，意味着号称小麦三大病害之一的白粉病顽症被基因组编辑技术所攻克[28]。经过科学家的共同努力，基因组编辑技术几乎可以实现遗传信息的人为精准修改，包括碱基的插入、删除、替换、颠换，以及染色体片段的重排、缺失、替换等。然而，效率是限制基因组编辑的主要因素，尤其是功能强大的启动编辑系统Prime Editing与递送系统，效率普遍很低。除了能够改变DNA序列，基因组编辑技术也可以改变表观遗传水平。例如，通过融合甲基转移酶可以改变靶标区域基因组的甲基化水平，从而调控基因的表达[29]。这些编辑体系如何更好地服务于作物育种，都是未来研究的方向。基因组编辑技术是当前全球育种业正在竞争的制高点。因此，我国亟须发展拥有自主知识产权的基因编辑系统。通过发现新的核酸酶、优化蛋白设计等研究出新的编辑器，是农业生产的切实需要。

　　民为国基，谷为民命。种子是农业的芯片，芯片的科技含量很大程度上决定农业效益。从头驯化育种策略弥补了现在育种策略的重要短板，拓展了人类可利用的育种资源。我国是粟或谷子（*Setaria italica*）、黍或稷（*Panicum miliaceum*）、水稻、荞麦（*Fagopyrum esculentum*）及大豆（*Glycine max*）等多种作物的起源地[24]，植物资源及其多样性丰富，应该充分地收集和利用这些宝贵的种质资源。从野生资源中发掘抗性基因，培育出能够快速适应环境变化的作物是设计育种的布局方向，这也可能是打破农业生态系统趋同性的有效方法。此外，我国面临的另外一个挑战是人口和耕地的矛盾日益突出，我们既要守护耕地红线不动摇，又要提高可收获的粮食产量。可能解决这种矛盾的一种方法是边际土地利用。我国盐渍化土壤面积约 14.8 亿亩（1 亩≈ 666.67m²），盐碱化严重影响我国农业的可持续发展。从改造盐碱地到培育可适应盐碱胁迫的作物品种的转变，有助于在边际土地利用方面取得重大突破。鉴定筛选出高抗种质材料，挖掘出能够实践应用的基因模块，有望实现在盐碱地上的种植收获。

以基因组编辑技术为基础的作物驯化需要国家政策的支持。我国已逐步建立和完善对基因组编辑植物的监管体系。2022 年 1 月 24 日，农业农村部印发《农业用基因编辑植物安全评价指南（试行）》（以下简称《指南》）。《指南》中指出，基因组编辑植物不同于传统的转基因植物，且相对于转基因植物生物安全评估需要 6 年时间，基因组编辑植物可依据基因编辑类型以及外源基因有无等标准，最短可在 1 年获得批准。

除了国内对基因组编辑技术的重视和扶持，其他国家对基因组编辑技术的应用也相继推动。2017 年，美国食品药品监督管理局起草了包括基因编辑植物衍生食品的监管草案。近期，美国国家科学院、工程院和医学院联合发布的《面向 2030 年食品和农业的技术突破》（*Science Breakthroughs to Advanced Food and Agricultural Research by 2030*）研究报告指出，应当鼓励突破性的基因组学和精准育种技术。美国农业部提出，基因组设计是未来农业重要的新兴领域。俄罗斯通过的《2019—2027 年联邦基因技术发展规划》指出，主要目标为加速发展包括基因组编辑在内的基因技术[5]。日本已对基因编辑农作物豁免转基因产品监管程序，也声明将放宽对基因编辑农作物的法规。

除政策的支持外，还要考虑普通大众对基因组编辑植物的接受程度。传达和落实政策的同时要做好科学普及工作，让大众对编辑植物有更科学的理解。基因组编辑正在并继续革新育种技术，为保障粮食安全作出贡献。

参考文献

［1］ Huang X H, Kurata N, Wei X H, et al. A map of rice genome variation reveals the origin of cultivated rice［J］. Nature, 2012, 490（7421）: 497−503.

［2］ Comai L. The advantages and disadvantages of being polyploid［J］. Nature Review Genetics, 2005, 6（11）: 836−846.

［3］ Nakamori E. On the occurrence of the tetraploid plant of rice, *Oryza sativa* L［J］. Proceedings of the Imperial Academy, 2008, 9（7）: 340−341.

［4］ Tian Z X, Wang J W, Li J Y, et al. Designing future crops: Challenges and strategies for sustainable agriculture.［J］. Plant Journal, 2021, 105（5）: 1165−1178.

［5］ 景海春, 田志喜, 种康, 等. 分子设计育种的科技问题及其展望概论［J］. 中国科学: 生命科学, 2021, 51（10）: 1356−1365.

［6］ Yu H, Li J Y. Breeding future crops to feed the world through *de novo* domestication［J］. Nature Communications, 2022, 13: 1171.

［7］ Yu H, Li J Y. Short- and long-term challenges in crop breeding［J］. National Science Review, 2021, 8（2）: nwab002.

［8］ Doebley J F, Gaut B S, Smith B D. The molecular genetics of crop domestication［J］. Cell, 2006, 127（7）: 1309−1321.

［9］ Wing R A, Purugganan M D, Zhang Q F. The rice genome revolution: From an ancient grain to green super rice［J］. Nature Review Genetics, 2018, 19（8）: 505−517.

［10］ Song W Y, Wang G L, Chen L L, et al. A receptor kinase-like protein encoded by the rice disease resistance gene, *Xa21*［J］. Science, 1995, 270（5243）: 1804−1806.

［11］ Prusty M R, Kim S R, Vinarao R, et al. Newly identified wild rice accessions conferring high salt tolerance might use a tissue tolerance mechanism in leaf［J］. Frontiers in Plant Science, 2018, 9: 417.

［12］ Mammadov J, Buyyarapu R, Guttikonda S K, et al. Wild relatives of maize, rice, cotton, and soybean: Treasure troves for tolerance to biotic and abiotic stresses［J］. Frontiers in Plant Science, 2018（9）: 886.

［13］ Cai D T, Chen J G, Chen D L, et al. The breeding of two polyploid rice lines with the characteristic of polyploid meiosis stability［J］. Science in China Series C LIFE Sciences, 2007, 50（3）: 356−366.

［14］Yu H, Lin T, Meng X, et al. A route to *de novo* domestication of wild allotetraploid rice［J］. Cell, 2021, 184: 1156–1170.

［15］张静昆, 曾鹏, 余泓, 等. 多倍体水稻从头驯化: 育种策略与展望［J］. 中国科学: 生命科学, 2021, 51（10）: 10.

［16］Li T D, Yang X P, Yu Y, et al. Domestication of wild tomato is accelerated by genome editing［J］. Nature Biotechnology, 2018, 36（12）: 1160–1163.

［17］Lemmon Z H, Reem N T, Dalrymple J, et al. Rapid improvement of domestication traits in an orphan crop by genome editing［J］. Nature Plants, 2018, 4（10）: 766–770.

［18］Zsogon A, Cermak T, Naves E R, et al. *De novo* domestication of wild tomato using genome editing［J］. Nature Biotechnology, 2018, 36（12）: 1211–1216.

［19］Xie Y, Zhang T H, Huang X Z, et al. A two-in-one breeding strategy boosts rapid utilization of wild species and elite cultivars［J］. Plant Biotechnology Journal, 2022.

［20］Zhu X G, Zhu J K. Precision genome editing heralds rapid *de novo* domestication for new crops［J］. Cell, 2021, 184（5）: 1133–1134.

［21］许操. 从 0 到 1: 异源四倍体野生稻从头驯化创造全新作物［J］. 遗传, 2021, 43: 199–202.

［22］Guo T, Lin H X, Creating future crops: A revolution for sustainable agriculture［J］. Journal of Genetics and Genomics, 2021, 48（2）: 97–101.

［23］Xie X R, Liu Y G, *De novo* domestication towards new crops［J］. National Science Review, 2021, 8（4）: nwab033.

［24］谭禄宾, 孙传清. 四倍体野生稻快速驯化: 启动人类新农业文明［J］. 植物学报, 2021（56）: 134–137.

［25］Wang D R. Sowing the seeds of multi-genome rice［J］. Nature, 2021, 591（7851）: 537–538.

［26］Meyer R S, Purugganan M D. Evolution of crop species: Genetics of domestication and diversification［J］. Nature Review Genetics, 2013, 14（12）: 840–852.

［27］Chen R Z, Deng Y W, Ding Y L, et al. Rice functional genomics: Decades' efforts and roads ahead［J］. Science China. Life Sciences, 2022, 65（1）: 33–92.

［28］Li S N, Lin D X, Zhang Y W, et al. Genome-edited powdery mildew resistance in wheat without growth penalties［J］. Nature, 2022, 602（7897）: 455–460.

［29］Wang H F, La Russa M, Qi L S. Crispr/cas9 in genome editing and beyond［J］. Annual Review of Biochemistry, 2016, 85: 227–264.

冠状病毒跨种识别的分子机制

高 福 王奇慧 齐建勋 刘科芳

引 言

1965 年，科学家首次分离出感染人的冠状病毒。在电子显微镜下，该病毒形如日冕，日冕的英文为 corona，所以该病毒被命名为 coronavirus，中文译为冠状病毒。截至 2022 年 8 月，共发现 7 种感染人并在人群中传播的冠状病毒[1]，以及在个别儿童患者中检测出的 2 种新发现的冠状病毒[2]。此次，由新型冠状病毒（severe acute respiratory syndrome coronavirus 2，SARS-CoV-2）引发的新冠肺炎（coronavirus disease 2019，COVID-19）全球大流行给人类带来了巨大灾难和重大损失。

新冠肺炎疫情暴发后，SARS-CoV-2 的起源和跨种传播成为公众关注的重要科学问题。过去的研究结果表明，众多冠状病毒来源于蝙蝠。除了蝙蝠，科学家在穿山甲样本中也发现了与 SARS-CoV-2 亲缘关系相近的冠状病毒，如 GX/P2V/2017 和 GD/1/2019 等[9-11]。因此，这些动物源性冠状病毒是否存在感染人和其他动物的风险，不仅是面向世界科技前沿的重要科学问题，更是影响人类健康的关键科学问题。

🖼 研究背景

近年，由于人们行为方式的改变、与自然生态系统更频繁的接触并对其进行干扰、不断加快的工业化和全球化带来的愈加紧密的国际交往，导致新发突发传染病呈现高发态势，而科技进步带来的检测手段与灵敏度的提高，也使新病原的发现速度超过了过去任何时期。新发传染病的出现给人类健康和全球经济带来了新的威胁[12]。

新冠肺炎疫情暴发初期，中国疾病预防控制中心率先发现病毒，完成病毒全基因组测序，并于 2020 年 1 月 10 日提交到全球流感共享数据库（global initiative on sharing all influenza data，GISAID）中，与全球共享[13]，同时确立了该病毒的主要流行病学参数（如传播途径、潜伏期等）[14]。中国疾病预防控制中心协调国内多家单位通过《新英格兰医学》《柳叶刀》等国际杂志和平台向全球发出预警[13-15]，为全球的检测试剂、疫苗、抗体和药物的研发赢得了时间。

新冠肺炎疫情的暴发再次让冠状病毒成为全球关注的焦点[13, 15, 16]。冠状病毒属于套式病毒目（Nidovirales），冠状病毒科（Coronaviridae），冠状病毒属（*Coronavirus*）[1]。回顾历史，1937 年，科学家在鸡中分离到首个冠状病毒；1965 年，分离到首个感染人的冠状病毒。在近 60 年的时间里，科学家共发现 7 种感染人并引发人际传播的冠状病毒，分别是人冠状病毒（human coronavirus，HCoV）-229E、HCoV-OC43、HCoV-NL63、HCoV-HKU1、严重急性呼吸综合征冠状病毒（severe acute respiratory syndrome coronavirus，SARS-CoV）、中东呼吸综合征冠状病毒（middle east respiratory syndrome coronavirus，MERS-CoV）以及 SARS-CoV-2[1]。此外，近期有儿童感染两种冠状病毒的报道：一种是 2014 年 5 月—2015 年 12 月，在海地地区的儿童血浆样本中检测到猪德尔塔冠状病毒

（porcine deltacoronavirus，PDCoV）样本阳性；另一种是 2017—2018 年，在马来西亚地区的儿童咽拭子样品中检测到一种新的感染人的犬猫重组冠状病毒（canine coronavirus human pneumonia-2018，CCoV-HuPn-2018），但尚未发现这两种病毒在人群中传播的迹象[2，17]。由此可见，冠状病毒时刻威胁着人类健康。

SARS-CoV-2 不仅可以感染人，引发人际传播，还可以通过跨种传播感染其他动物，为病毒的防控带来了巨大挑战[18]。目前，已经发现在自然状态下，饲养的猫、狗、水貂、雪貂、大猩猩，动物园中的马来亚虎、东北虎、狮子、雪豹、美洲豹和河马等均可被 SARS-CoV-2 感染[18]。此外，中国香港发现了 SARS-CoV-2 感染野生仓鼠的案例，对美国东北部大量野生白尾鹿血清样本的检测显示，大量野生白尾鹿已经感染了 SARS-CoV-2，测序结果提示该病毒在白尾鹿体内发生了变异[19]。

SARS-CoV-2 变异株的出现也导致病毒感染谱不断扩张。值得注意的是，病毒在感染新的宿主后，适应新宿主的变异会在自然选择过程中积累并产生变异毒株。这些毒株可能会再次通过跨种传播将病毒回传给人或者传播给其他动物，使病毒防控更加艰难。SARS-CoV-2 感染水貂就是一个典型的例子。SARS-CoV-2 在感染水貂后，产生了新的适应性突变，并且将变异毒株回传给了人类，完成了一个传播链的闭环[20]。

上述已发现的 SARS-CoV-2 的宿主可能只是众多 SARS-CoV-2 宿主的一部分。自然界中可能存在其他物种已经被 SARS-CoV-2 感染，但没有表现出任何症状，并可能成为它的储存宿主。这些宿主特别是野生动物，极可能作为病毒的新的携带载体，进一步促进病毒的演化、传播与变异。因此，评估 SARS-CoV-2 在各物种间跨种传播的潜在能力有助于我们缩小检测范围，精准锁定它的潜在宿主。

新冠肺炎疫情暴发后，病毒的起源成为全球关注的焦点。以往研究结果表明，多种冠状病毒来源于蝙蝠[1]，尤其是与 SARS-CoV-2 同属于 Sarbe 冠状病毒亚属的 SARS-CoV。中外科学家在蝙蝠中，尤其在菊头蝠中发现了大量与 SARS-CoV 在进化上亲缘关系相近的冠状病毒（ref）。因此蝙蝠成为科学家寻找 SARS-CoV-2 自然宿主的首选对象。疫情之初，中国科学家就在中菊蝠样本中检测到与 SARS-CoV-2 基因组相似性为 96.2% 的 RaTG13 病毒序列[4]，随后各国科学家也在不同国家和地区的菊头蝠中检测到了与 SARS-CoV-2 相似的冠状病毒序列，例如日本发现的 Rc-o319[5]、泰国发现的 RacCS203[6]、柬埔寨发现的 RshSTT182 和 RshSTT200[7]，以及老挝发现的一系列的 BANAL 病毒，其中 BANAL-52 与 SARS-CoV-2 基因组相似性超过 RaTG13，高达 96.8%（表 7-1）[8]。

表 7-1　动物源性新冠相关冠状病毒

病毒名称	宿主	参考文献
GX/P2V/2017	马来穿山甲（*Manis javanica*）	［9］
GD/1/2019	马来穿山甲（*Manis javanica*）	［21］
RmYN02	马来菊头蝠（*Rhinolophus malayanus*）	［22］
RsYN04	小褐菊头蝠（*Rhinolophus stheno*）	［23］
RmYN05	马来菊头蝠（*Rhinolophus malayanus*）	［23］
RpYN06	菲菊头蝠（*Rhinolophus pusillus*）	［23］
RmYN08	马来菊头蝠（*Rhinolophus malayanus*）	［23］
RaTG13	中菊头蝠（*Rhinolophus affinis*）	［4］
RaTG15	中菊头蝠（*Rhinolophus affinis*）	［24］
ZC45	中华菊头蝠（*Rhinolophus sinicus*）	［25］
ZXC21	中华菊头蝠（*Rhinolophus sinicus*）	［25］
RshSTT182	沙梅尔马蹄蝠（*Rhinolophus shameli*）	［7］
RshSTT200	沙梅尔马蹄蝠（*Rhinolophus shameli*）	［7］

续表

病毒名称	宿主	参考文献
RacCS203	大角菊头蝠（*Rhinolophus acuminatu*s）	[6]
Rc-o319	角菊头蝠（*Rhinolophus cornutus*）	[5]
BANAL-52	马来菊头蝠（*Rhinolophus malayanus*）	[26]
BANAL-103	菲菊头蝠（*Rhinolophus pusillu*s）	[26]
BANAL-236	马氏菊头蝠（*Rhinolophus marshalli*）	[26]
PrC31	小菊头蝠（*Rhinolophus blythi*）	[27]

RaTG13 是新冠肺炎疫情暴发后，早期在蝙蝠中发现与 SARS-CoV-2 亲缘关系最为相近的冠状病毒序列，直到老挝检测到 BANAL-52[4]。RaTG13 的刺突蛋白（spike,S）上负责与受体结合的受体结合域（receptor-binding domain，RBD）与 SARS-CoV-2 相应区域的相似性为 89.3%[4]。很长一段时间内，RaTG13 都是 SARS-CoV-2 溯源研究的焦点。围绕 RaTG13 也有众多的科学问题，RaTG13 是否可以跨种感染人和其他动物是其中重要的一个问题。

除了蝙蝠，科学家在穿山甲样本中也发现了与 SARS-CoV-2 亲缘关系相近的冠状病毒，如 GX/P2V/2017 和 GD/1/2019 等[9, 10]。虽然这两种穿山甲来源的冠状病毒与 SARS-COV-2 基因组的相似性低于 RaTG13，但其 RBD 区与 SARS-CoV-2 的相似性高于 RaTG13。由于 RBD 是结合受体的最关键区域，所以这些穿山甲来源的冠状病毒是否可以结合 SARS-CoV-2 的受体，是否可以感染人和其他动物，成了必须回答的重要科学问题。

病毒与受体的识别与结合，在一定程度上决定了病毒的细胞嗜性、组织嗜性以及感染的物种特异性。与其他已知的冠状病毒相似，SARS-CoV-2

表面的 S 蛋白可分为 N 端的 S1 结构域与 C 端的 S2 结构域。其中，S1 负责受体的识别与结合，可进一步分成 N 端结构域（N terminal domain，NTD）和 C 端结构域（C terminal domain，CTD）。对于某些冠状病毒而言，结合受体的区域可位于 NTD，如鼠肝炎病毒（murine virus hepatitis，MHV）；而绝大部分冠状病毒结合受体的区域位于 CTD，如 SARS-CoV、MERS-CoV 及 SARS-CoV-2 等。S2 负责病毒囊膜与宿主细胞膜结构的融合。在疫情早期，我们团队率先鉴定出 SARS-COV-2 的受体为血管紧张素转换酶 2（angiotensin converting enzyme 2，ACE2，与 SARS-CoV 的受体相同），并发现在 SARS-CoV-2 的入侵过程中，S1 中由 CTD 构成的受体结合区 RBD，好比一把"钥匙"，插入宿主细胞受体由 ACE2 构成的"锁"结构，启动了由 S2 构成的"钥匙柄"的旋转，从而打开病毒入侵细胞的大门，进而引发感染[28]。除了受体，还有一些协助病毒入侵的酶，如跨膜蛋白酶丝氨酸 2（transmembrane protease serine 2，TMPRSS2）[29]，在病毒膜融合和入侵宿主细胞的过程中，也发挥着非常重要的作用。

冠状病毒实现跨种传播的先决条件是识别并结合该种动物的受体。因此，评估冠状病毒与不同动物受体同源蛋白的结合，可推测病毒感染该种动物的可能性。反过来，只有具有感染该病毒风险的动物，才有可能是这一病毒的自然 / 中间宿主，才能有效地携带、传播该病毒。因此，只要检测 SARS-CoV-2 以及与其高度相似的冠状病毒结合人和其他动物 ACE2 的能力，即可评估该病毒跨种传播的风险，也为病毒的溯源研究提供线索。本研究利用表面等离子共振技术、细胞流式技术、结构生物学相关技术等建立了一套从分子水平上快速评估冠状病毒 RBD 区与不同物种 ACE2 受体的结合能力的方法，可以实现对 SAR-COV-2 及其相关冠状病毒跨种传播能力的初步评估。

📖 研究目标

本研究旨在从受体识别角度建立一套快速、高效、低成本的冠状病毒跨种传播感染人和其他动物的风险评估体系，为冠状病毒引发的新发、突发传染病的防控发出早期预警，进而减少由冠状病毒引起疾病、疫情，甚至是大流行的风险，实现早发现、早预警、早预防的目的。

📖 研究内容及成果

1. 冠状病毒跨种识别谱的绘制

细胞流式技术是利用流式细胞仪进行的一种单细胞定量分析和分选技术，可以通过细胞染色的方法来检测细胞表面上表达以及结合的分子。我们将不同物种 ACE2 与绿色荧光蛋白（green fluorescent protein，GFP）融合，并将其表达在细胞表面上。成功表达 ACE2 分子的细胞会因为同时表达了 GFP 而带上绿色荧光。然后，我们将带有组氨酸标签的 RBD 蛋白与表达 ACE2 蛋白的细胞孵育，再用一个带有别藻蓝蛋白（allophycocyanin，APC）标签的抗体对 RBD 蛋白进行染色，进而检测 RBD 与不同物种 ACE2 的结合能力。

表面等离子共振技术可以精确地检测出两个蛋白之间相互作用的强度，是常用的检测蛋白质间相互作用的方法。我们将不同物种的 ACE2 蛋白进行体外表达、纯化，测定其与 RBD 相互作用的亲和力。

利用上述两种方法，我们评估了 SARS-CoV、SARS-CoV-2、RaTG13、GD/1/2019 和 GX/P2V/2017 5 种重要冠状病毒 RBD 与 20 余种动物 ACE2 的识别能力，绘制了它们的受体识别谱（图 7–1）[11, 30, 31]。结果表明，这

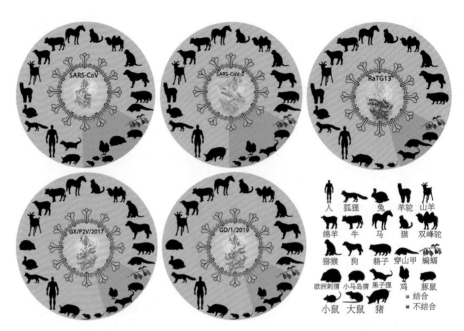

图 7-1　SARS-CoV、SARS-CoV-2、RaTG13、GD/1/2019 和 GX/P2V/2017 的宿主识别谱

注：蓝色和红色部分表示相应冠状病毒的 RBD 可以和不能结合区域内包含的物种的 ACE2 受体。

5 种冠状病毒的 RBD 均有识别人、狐狸、猪、兔子、羊驼、山羊、绵羊、牛、马、猫、双峰驼、猕猴、狗和貉子 ACE2 的能力，均可以识别部分蝙蝠的 ACE2 分子，均不能识别小马岛猬。除了 SARS-CoV，其他 4 种病毒的 RBD 均不能识别果子狸的 ACE2。SARS-CoV 和 SARS-CoV-2 的 RBD 不能识别大鼠和小鼠的 ACE2，RaTG13、GD/1/2019 和 GX/P2V/2017 则可以与大鼠和小鼠的 ACE2 结合。虽然 5 种病毒的受体识别谱存在一定的差异，但均可以广泛结合多个物种的 ACE2 蛋白，存在潜在跨种传播的风险，需要对其加强监测。

2. 冠状病毒与人受体分子 ACE2 相互作用的分子机制

受体识别是病毒入侵的关键步骤，探究分子水平受体识别机制是理解病毒入侵机制、开发有效疫苗和抗体的基础。为了探究这一问题，本团队解析了近原子水平分辨率的蛋白质复合物结构。X射线衍射技术和冷冻电镜技术是蛋白质结构解析的关键技术。在本研究中，我们使用X射线衍射技术解析了RaTG13 RBD与人ACE2相互作用的复合物结构。首先，我们将RaTG13 RBD与人ACE2结合形成的复合物在约1500种不同的溶液中分别进行晶体生长实验，筛选出可获得高分辨率衍射数据的晶体；然后，利用上海同步辐射光源收集衍射数据，进而解析出高分辨率的蛋白晶体结构。此外，我们也通过冷冻电镜技术分别重构了GX/P2V/2017和GD/1/2019的RBD与人ACE2的复合物结构。

　　本团队成功解析了SARS-CoV-2、RaTG13、GX/P2V/2017和GD/1/2019与人ACE2的高分辨率晶体结构（图7-2）[11, 28, 32]。通过这些蛋白结构，我们可清晰地看到分子之间相互作用的氢键、盐桥、范德华力和疏水作用等相互作用力。通过对相互作用力的分析和统计，可找到对病毒识别发挥关键作用的氨基酸。整体上，这5种冠状病毒RBD和人ACE2结合的构象非常相似，RBD与人ACE2相互作用的界面虽然有少许差异，但有大部分重叠的区域。在相互作用的细节上，这5种冠状病毒的RBD与人ACE2存在一些差异。亲和力测定结果表明，RaTG13 RBD和人ACE2结合能力远

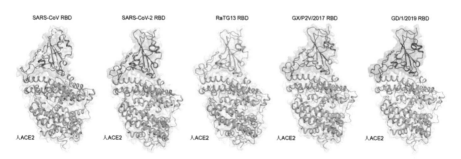

图7-2　SARS-CoV、SARS-CoV-2、RaTG13、GX/P2V/2017和GD/1/2019的
RBD与人ACE2相互作用的整体构象

弱于 SARS-CoV-2 RBD。与此一致，结构细节也表明，RaTG13 RBD 与人 ACE2 相互作用的氢键、范德华力等相互作用力小于 SARS-CoV-2 RBD。

3. 影响新冠相关冠状病毒跨种识别的关键氨基酸

冠状病毒受体识别区上单一或多个关键氨基酸的突变，即可影响病毒的入侵和跨种传播能力。分析冠状病毒 RBD 与人 ACE2 相互作用的分子机制，可找到若干影响病毒入侵和跨种传播的关键氨基酸。

在研究新冠相关蝙蝠源冠状病毒 RaTG13 RBD 与人 ACE2 的复合物结构时，我们发现 RaTG13 RBD 上 501 位氨基酸是影响与受体结合的关键氨基酸。当 RaTG13 RBD 501 位的天冬氨酸（aspartic acid，Asp，D）被突变成 SARS-CoV-2 对应氨基酸位点的天冬酰胺（asparagine，Asn，N）以后，其与人和中菊头蝠的 ACE2 受体结合能力提高了 10 ～ 60 倍，但是与小鼠 ACE2 的相互作用降低了 10 余倍。在 SARS-CoV-2 突变株 α、β、γ RBD 中，501 位上的天冬酰胺均突变成了酪氨酸（tyrosine，Tyr，Y）。这一突变使 SARS-CoV-2 RBD 与人 ACE2 的相互作用增强，同时使原本不结合的鼠 ACE2 变得结合。研究表明，SARS-CoV-2 小鼠适应株也出现了 501 位由天冬酰胺到酪氨酸的突变[33]。此外，RaTG13 RBD 的 493 位和 498 位氨基酸也是影响受体结合的关键氨基酸，在其他 SARS-CoV-2 小鼠适应株中也有这两个位点的突变[34]。

在对穿山甲来源的新冠相关冠状病毒 GX/P2V/2017 和 GD/1/2019 的 RBD 与人 ACE2 的复合物结构进行分析后，我们发现 GD/1/2019 和 GX/P2V/2017 RBD 的 498 位谷氨酰胺（glutamine，Gln，Q）突变成组氨酸（histidine，His，H）可以赋予 SARS-CoV-2 RBD 与小鼠、大鼠和欧洲刺猬 ACE2 的结合能力。

上述的结果表明，RBD 区的 493 位、498 位和 501 位氨基酸是影响冠状病毒宿主范围的关键氨基酸，而在 SARS-CoV-2 的突变株中，经常出现相应位点的突变。这些提示我们需要对 SARS-CoV-2 突变株的宿主结合谱的改变进行评估。

4. 新冠肺炎康复者血清中存在交叉识别新冠相关冠状病毒的抗体

上述研究结果表明，这些新冠相关冠状病毒存在广泛的受体 ACE2 识别能力，说明其具有感染人以及其他动物的可能性，因此需要对它们进行前瞻性研究，提前储备疫苗和药物。鉴于其与 SARS-CoV-2 的同源性，存在两个重要的问题：基于 SARS-CoV-2 开发的新冠疫苗与抗体药物，是否对这些相似病毒有效？一旦这些病毒引发了新的感染或是疫情，已有的新冠疫苗与抗体药物是否可立刻投入新疾病的预防和治疗中？

为了回答这两个科学问题，我们首先对这些冠状病毒 RBD 的氨基酸序列进行了比对（图 7-3A）。结果发现 RaTG13、GD/1/2019 和 GX/P2V/2017 RBD 与 SARS-CoV-2 RBD 存在大量保守序列。从结构上分析，我们可以看到虽然 RBD 的受体结合区保守性不强，但受体结合区外存在多个保守区域。这些区域也可以刺激机体产生有效的中和抗体（图 7-3B）。因此，这 5 种冠状病毒之间可能存在交叉识别的抗体。

在多克隆抗体水平上，我们首先评估了新冠肺炎康复者血清中是否存在交叉识别的抗体。结果发现新冠肺炎康复者血清中含有大量可以交叉结合 RaTG13 RBD 的抗体。我们再利用 RaTG13 的假病毒来评估新冠肺炎康复者血清抑制 RaTG13 假病毒感染稳定表达人 ACE2 细胞的能力，发现新冠肺炎康复者血清可以非常有效地阻断 RaTG13 假病毒进入靶细胞。这表明新冠肺炎康复者血清中存在交叉识别并有效中和 RaTG13 的单克隆抗体。

随后，通过表面等离子共振技术，我们对 7 株靶向 SARS-CoV-2 RBD

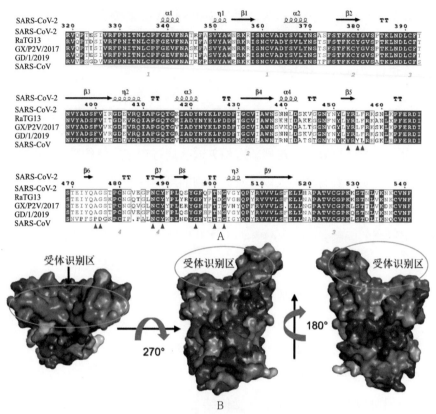

图 7–3　SARS-CoV-2、RaTG13、GX/P2V/2017、GD/1/2019、
SARS-CoV 的 RBD 区域保守性分析

注：A. 5 种冠状病毒 RBD 序列比对，红色背景的部分是完全保守的氨基酸序列；B. 在 RBD 卡通
　　结构图上展示 5 种冠状病毒序列的保守性；青色代表相应位置氨基酸不一致，紫色位置表示
　　相应位置氨基酸保守。

的单克隆抗体进行研究，对其结合 RaTG13 RBD 的能力进行测定，发现其中 5 种抗体可以很好地交叉结合 RaTG13。其中，我们团队开发的 COVID-19 治疗性抗体 CB6（美国礼来公司生产，商品名为 Etesevimab®）与 RaTG13 RBD 结合的能力最强，并且可以有效阻断 RaTG13 假毒入侵表达人 ACE2 的细胞。

总结

本研究对高致病性的冠状病毒 SARS-CoV 和 SARS-CoV-2、蝙蝠源性冠状病毒 RaTG13、穿山甲源性冠状病毒 GD/1/2019 和 GX/P2V/2017 的跨种识别及其分子机制进行了系统而深入的研究，发现 RaTG13、GD/1/2019 和 GX/P2V/2017 RBD 均可以结合人 ACE2 受体。本研究还评估了 SARS-CoV、SARS-CoV-2、RaTG13 RBD、GD/1/2017 和 GX/P2V/2017 与不同物种 ACE2 的结合能力，发现这 5 种冠状病毒可以广泛结合多个物种的 ACE2 受体，表明这 5 种冠状病毒均具有广泛的潜在宿主范围，具有跨种传播风险。

我们团队评估了目前研发的新冠肺炎疫苗和抗体药物是否可用于未来可能发生的 RaTG13 感染的预防和治疗，发现新冠肺炎康复者血清中存在交叉识别且有效中和 RaTG13 的抗体，本团队前期开发的新冠肺炎治疗性抗体 CB6 可以有效中和 RaTG13 的假病毒感染。

这些研究结果表明，要持续对动物源性冠状病毒进行监测，提早甄别高危病毒，提早部署相应的疫苗和药物研发，预防新的冠状病毒引发疫情。目前研发的新冠疫苗和抗体对部分动物源性冠状病毒有交叉保护效果，为新冠相关冠状病毒通用疫苗的开发和广谱抗体的筛选提供了重要的理论依据。

展望

SARS-CoV-2 在不同宿主间的跨种传播，促进了病毒的演变与进化，加速了新变异毒株的产生，同时也给公共卫生带来了严峻挑战。SARS-CoV-2 已经在全球传播超过 3 年。在 3 年多的时间里，不断出现新的变异毒株，相应的氨基酸突变极可能会改变 SARS-CoV-2 的宿主谱，因而对这些突变株进行跨种传播的风险评估具有重要意义。目前，新冠肺炎疫情全球大流行现状依然没有改变，新的突变株仍将不断产生。新变异毒株是否会进一步改变 SARS-CoV-2 的受体识别谱是影响疫情防控的重要科学问题，需要长期的监测和评估。

近年来，由 SARS-CoV、MERS-CoV、埃博拉病毒、高致病性禽流感病毒等引起的一系列新发突发传染病，追根溯源，均是由野生动物携带的病毒通过跨种传播感染人引发的。野生动物是人畜共患病在发生、传播和流行过程中的重要媒介。因此，对野生动物所携带的病原体进行跨种传播风险的评估，对于传染病防控非常重要。动物源性病毒跨种感染到人是一个非常复杂的过程。受体识别是其先决条件，但除了受体识别，还有很多其他影响因素，其中与携带病毒的天然宿主接触的频率就是一个非常重要的影响因素。即使病毒可以结合人受体、从宿主跨种感染到人，它们也需要达到一定的丰度、突破人体免疫系统防线，才能造成人的感染。因此，减少与野生动物的接触是降低新发突发传染病的一项重要措施。

本项研究结果表明，多种动物源性冠状病毒存在广泛的受体识别谱，提示自然界可能存在着大量可以结合人受体的冠状病毒，而被人类检测到的可能仅是其中的少数。正常情况下，这些冠状病毒在宿主间传播，但在某个偶然时刻（例如，病毒发生了变异，人或其他动物接触了携带病毒的宿主等），跨种传播发生了。除了 4 种引发感冒样症状的冠状病毒，目前人类已经与冠状病毒发生了 3 次"遭遇战"，可能还会有第四次、第五次，甚至更多。因此，我们需要建立起成熟的防控体系，开发针对冠状病毒的广谱疫苗和广谱药物，以应对未来由冠状病毒引发的再一次挑战。

参考文献

［1］ Cui J，Li F，Shi Z L. Origin and evolution of pathogenic coronaviruses[J]. Nature Reviews Microbiology，2009，17（3）：181-192.

［2］ Lednicky J A，Tagliamonte M S，White S K，et al. Independent infections of porcine deltacoronavirus among Haitian children[J]. Nature，2021（600）：133-137.

［3］ Li W D，Shi Z L，Yu M，et al. Bats are natural reservoirs of SARS-like coronaviruses[J]. Science，2005（310）：676-679.

［4］ Zhou P，Yang X L，Wang X G，et al. A pneumonia outbreak associated with a new coronavirus of probable bat origin[J]. Nature，2020（579）：270-273.

［5］ Murakami S，Kitamura T，Suzuki J，et al. Detection and characterization of bat sarbecovirus phylogenetically related to SARS-CoV-2，Japan[J]. Emerging Infectious Diseases，2020（26）：3025-3029.

［6］ Wacharapluesadee S，Tan C W，Maneeorn P，et al. Evidence for SARS-CoV-2 related coronaviruses circulating in bats and pangolins in southeast Asia[J]. Nature Communications，2021（12）：972.

［7］ Delaune D，Hul V，Karlsson E A，et al. A novel SARS-CoV-2 related coronavirus in bats from Cambodia[J]. Nature Communications，2021，12（1）：6563.

［8］ Temmam S，Vongphayloth K，Baquero E，et al. Bat coronaviruses related to SARS-CoV-2 and infectious for human cells[J]. Nature，2022（604）：330-336.

［9］ Lam T T，Jia N，Zhang Y W，et al. Identifying SARS-CoV-2-related coronaviruses in Malayan pangolins[J]. Nature，2020（583）：282-285.

［10］ Xiao K，Zhai J，Feng Y，et al. Isolation of SARS-CoV-2-related coronavirus from Malayan pangolins[J]. Nature，2020（583）：286-289.

［11］ Niu S，Wang J，Bai B，et al. Molecular basis of cross-species ACE2 interactions with SARS-CoV-2-like viruses of pangolin origin[J]. The EMBO Journal，2021（40）：e107786.

［12］ George F G. From "A" IV to "Z" IKV：attacks from emerging and reemerging pathogens[J]. Cell，2018（172）：1157-1159.

［13］ Zhu N，Zhang D Y，Wang W L，et al. A novel coronavirus from patients with pneumonia in China，2019[J]. New England Journal of Medicine，2020（382）：

727-733.

［14］ Li Q, Guan X H, Wu P, et al. Early transmission dynamics in Wuhan, China, of novel coronavirus-infected pneumonia[J]. New England Journal of Medicine, 2020 (382): 1199-1207.

［15］ Wang C, Horby P W, Hayden F G, et al. A novel coronavirus outbreak of global health concern[J]. Lancet, 2020 (395): 470-473.

［16］ Tan W J, Zhao X, Ma X J, et al. A novel coronavirus genome identified in a cluster of pneumonia cases-Wuhan, China 2019-2020[J]. China CDC Weekly, 2020 (2): 61-62.

［17］ Vlasova A N, Diaz A, Damtie D, et al. Novel canine coronavirus isolated from a hospitalized patient with pneumonia in East Malaysia[J]. Clinical Infectious Diseases, 2022 (74): 446-454.

［18］ Gao G F, Wang L. COVID-19 expands its territories from humans to animals[J]. China CDC Weekly, 2021 (3): 855-858.

［19］ Hale V L, Dennis P M, McBride D S, et al. SARS-CoV-2 infection in free-ranging white-tailed deer[J]. Nature, 2022 (602): 481-486.

［20］ Oude Munnink B B, Sikkema R S, Nieuwenhuijse D F, et al. Transmission of SARS-CoV-2 on mink farms between humans and mink and back to humans[J]. Science, 2021 (371): 172-177.

［21］ Zhang T, Wu Q, Zhang Z. Probable pangolin origin of SARS-CoV-2 associated with the COVID-19 outbreak[J]. Current Biology, 2020 (30): 1346-1351 e1342.

［22］ Zhou H, Chen X, Hu T, et al. A novel bat coronavirus closely related to SARS-CoV-2 contains natural insertions at the S1/S2 cleavage site of the spike protein[J]. Current Biology, 2020 (30): 2196-2203 e2193.

［23］ Zhou H, Ji J K, Chen X, et al. Identification of novel bat coronaviruses sheds light on the evolutionary origins of SARS-CoV-2 and related viruses[J]. Cell, 2021 (184): 4380-4391 e4314.

［24］ Guo H, Hu B, Si H R, et al. Identification of a novel lineage bat SARS-related coronaviruses that use bat ACE2 receptor[J]. Emerging Microbes & Infections, 2021 (10): 1507-1514.

［25］ Hu D, Zhu C Q, Ai L L, et al. Genomic characterization and infectivity of a novel

SARS-like coronavirus in Chinese bats[J]. Emerging Microbes &Infections，2018（7）：154.

［26］ Temmam S，Vongphayloth K，Baquero E，et al. Bat coronaviruses related to SARS-CoV-2 and infectious for human cells[J]. Nature，2022，604（7905）：30–36.

［27］ Li L L，Wang J L，Ma X H，et al. A novel SARS-CoV-2 related coronavirus with complex recombination isolated from bats in Yunnan province，China[J]. Emerging Microbes & Infections，2021（10）：1683–1690.

［28］ Wang Q H，Zhang Y F，et al. Structural and functional basis of SARS-CoV-2 entry by using human ACE2[J]. Cell，2020（181）：894–904 e899.

［29］ Hoffmann M，Kleine-Weber H，Schroeder S，et al. SARS-CoV-2 cell entry depends on ACE2 and TMPRSS2 and is blocked by a clinically proven protease inhibitor[J]. Cell，2020（181）：271–280 e278.

［30］ Liu K F，Tan S G，Niu S，et al. Cross-species recognition of SARS-CoV-2 to bat ACE2[J]. Proceedings of the National Academy of Sciences of The United States of America，2021，118（1）：e2020216118.

［31］ Wu L L，Chen Q，Liu K F，et al. Broad host range of SARS-CoV-2 and the molecular basis for SARS-CoV-2 binding to cat ACE2[J]. Cell Discovery，2020（6）：68.

［32］ Liu K F，Pan X Q，Li L L，et al. Binding and molecular basis of the bat coronavirus RaTG13 virus to ACE2 in humans and other species[J]. Cell，2021（184）：3438–3451 e3410.

［33］ Gu H J，Chen Q，Yang G，et al. Adaptation of SARS-CoV-2 in BALB/c mice for testing vaccine efficacy[J]. Science，2020（369）：1603–1607.

［34］ Sun S H，Gu H J，Cao L，et al. Characterization and structural basis of a lethal mouse-adapted SARS-CoV-2[J].Nature Communications，2021（12）：5654.

08 揭开鸟类长距离迁徙之谜

林蓁蓁　谷中如　潘胜凯　詹祥江

引　言

That strange and mysterious phenomenon in the life of birds, their migratory journeys, repeated at fixed intervals, and with unerring exactness, has for thousands of years called forth the astonishment and admiration of mankind.

——海因里希·盖特（Heinrich Gätke）[1]

译文：在鸟类生活中，存在一种奇怪而神秘的现象——迁徙。几千年来，它们一直以固定的、准确无误的间隔重复，令人惊奇和钦佩。

正如德国鸟类学家海因里希·盖特在 1895 年写下的这句话，鸟类迁徙现象自从被注意到以来，就一直令人类为之赞叹和着迷，并且一再引发人类对迁徙鸟类的一系列思考：它们从哪里来？到哪里去？又如何知道回家的路？

唐代诗人李商隐曾写下"初闻征雁已无蝉，百尺楼高水接天"的诗句来描述大雁南飞的故事。大雁春到北方，秋到南方，不惧远行，故称征雁。其实不止大雁，很多鸟类都有迁徙行为。据估计，在全球现存约 1 万种鸟类中，大约 20% 是候鸟[2]。每年有数十亿只候鸟在春天到来的时候，会返回北极进行繁殖，就像是一种回家的承诺。

自 20 世纪以来，全世界的学者从行为学、生态学和遗传学等不同的方面开展鸟类迁徙研究，已经取得了一些重要突破。不过这种复杂行为受哪些因素的调控，仍然是一个很难回答的问题。随着全球气候和生存环境的持续改变，候鸟以及想要保护这些迁徙动物的人类面临着前所未有的挑战[3]。

研究背景

鸟类的迁徙具体指的是鸟类个体季节性地离开与返回繁殖地的行为。作为鸟类生态学和行为学的经典话题，一个多世纪以来，鸟类迁徙现象一直受到科学界的广泛关注[4]。与鸟类的扩散（dispersal）不同，迁徙行为需要至少包括离开繁殖地与返回繁殖地两次移动过程，并且具有明确的规律性和季节性[5]。比如，在北极地区繁殖的候鸟，通常会在每年秋季开始迁往南方过冬，我们称之为秋季迁徙（autumn migration）；在第二年春天开始返回北极进行繁殖，我们称之为春季迁徙（spring migration）。

鸟类之所以会进行迁徙，从根本上来看，是因为地球的公转平面与赤道平面呈一定夹角。这种不平行的地球公转运行方式，造成了两个半球接收到太阳的辐射能量会出现季节性的变化，并且越靠近两极地区，这种季节性变化越强，从而导致两极地区环境资源在一年四季中存在明显波动。科学家通过模拟的方法推断能量制约是鸟类进行迁徙的原因之一，即迁徙行为能够让鸟类在面对季节性和竞争时对能量预算进行优化[6]。从进化的角度来看，鸟类迁徙可以被看作是鸟类在环境资源季节性变化较强地区繁殖的一种适应策略。那些生活在环境变量季节性变化非常强的地区的鸟类，它们可能别无选择，只能迁徙到远方，以避开环境的剧烈波动。因此，鸟类的迁徙是一个物种适应环境变化的具体行为表现。

鸟类迁徙的现象在很早就已经引起了人们的关注。西方最早的记录可追溯到约 3000 年前的古希腊时期。当时，一些著名的思想家如荷马、亚里士多德等都对"鸟类迁徙"进行过描述。但研究鸟类迁徙是让人非常头疼的一项工作，因为鸟类迁徙的范围通常跨度大（洲际范围）、时间长（多年往返）。最早被应用于鸟类追踪的技术是鸟类环志（bird ringing）。通常的方式是，每年在繁殖地给出生的幼鸟佩戴脚环，后期通过"回收—报告"来记录鸟类的"再次被目击"位置。这种追踪技术的原理最早可追溯到 1822 年，一个德国克吕茨镇的村民发现了一只身上中箭的白鹳（*Ciconia ciconia*），但这种箭只在非洲某部落才有，为什么会出现在德国？原来，欧洲的白鹳平时主要生活在欧洲，在冬天迁往非洲过冬。它在非洲被箭射中后，仍然飞回了欧洲。难以想象，为了长途跋涉回家，这只白鹳竟然在中箭之后，带着冷兵器飞行了数千千米。

在我国历史上，早在春秋时期（公元前 770—前 476 年），在孔子圣迹图里就有一个类似的故事：楛矢贯隼。当时一只隼中箭后落到陈闵公的庭院里，所中之箭是一支楛木箭。箭头用尖石做成，箭长一尺八寸（约等于60cm），上面刻着不易辨认的文字。于是，陈闵公派人去问孔子。孔子说："隼来远矣，此肃慎之矢也。昔武王克商……分陈以肃慎之矢。"大意是这只隼来自远方，所中的箭产自肃慎（东北地区）。从前武王伐纣，分赐给陈闵公这种肃慎进贡来的箭。陈闵公便派人去府库查看，果真找到了这种箭。这个故事与 1822 年德国小镇白鹳的故事异曲同工，但是却把关于鸟类追踪的历史往前推了 2300 多年。

从 19 世纪末到 20 世纪，人们对鸟类迁徙现象才开始了真正科学意义上的探索。一方面，人们不再只是关心"它们为什么会消失和出现"的问题了，更开始关注"它们究竟去了哪里"；另一方面，随着追踪技术的发展，尤其是鸟类环志方法的使用，使人们能够逐渐回答以上问题。尽管这些研究手段对于了解鸟类迁徙路线有些效果，却只能粗略得到鸟类迁徙的起点和某些节点，无法准确全面地刻画鸟类迁徙路线。

自 20 世纪以来，全世界的学者从行为学、生态学和遗传学等不同的方面开展鸟类迁徙研究，已经探明气候变化、遗传因素以及对环境改变的响应，能够影响鸟类的迁徙。然而，一直以来，对于决定鸟类迁徙路线的因素依然所知甚少，也很少有研究试图解决长期气候驱动和遗传因素影响鸟类迁徙路线变化的问题。

近年，卫星追踪技术的快速发展和广泛应用，为准确定位鸟类迁徙路线奠定了基础[7]。同时，基因组学的快速发展，也为深入理解鸟类长距离迁徙的遗传基础提供了可能。因此，本研究拟结合遥感卫星追踪和基因组学等新型研究手段，通过多学科的整合分析，以期回答长期气候驱动和遗传因素如何影响鸟类迁徙路线的动态。

研究内容及成果

本研究以遥感卫星追踪和种群基因组学两种新型研究手段为主，结合生态学和神经生物学的经典分析方法，以游隼（*Falco peregrinus*）为研究物种，从行为、进化、遗传、生态以及全球气候变化等多个维度，回答了北极地区鸟类迁徙路线过去形成历史、当前维持机制以及未来变化趋势等科学问题。同时，本研究还找到了鸟类长距离迁徙的关键基因，揭示了其遗传基础[8]。相关结果以封面研究论文形式于 2021 年 3 月发表在英国《自然》(*Nature*) 杂志上[8]。

1. 北极游隼的迁徙规律

游隼是极其善于飞行和长距离迁徙的"专家"，因其捕食时的俯冲速度和长距离迁徙闻名于世。在现代鸟类分类学中，游隼属于隼形目 (Falconiformes) 隼科 (Falconidae) 隼属 (*Falco*)，是位于食物链顶端的猛禽。作为世界上飞行速度最快的动物之一，游隼的最高俯冲速度可以高达 390km/h。英国著名作家约翰·亚历克·贝克 (John Alec Baker) 在《游隼》(*The Peregrine*) 一书中曾动情地写道：目睹一只游隼俯冲的那份激动，是无法用数据准确描述的。这一描述准确无比，俯冲的游隼就像一枚疾速飞行的导弹一样，精准而迅猛地划过长空，让人激动不已。

除了飞行速度，游隼的迁徙也被人们关注由来已久。在中世纪拉丁语中，游隼的拉丁学名 *Falco peregrinus* 的意思是"朝圣的隼 (Pilgrim falcon)"，主要是因为生活在中世纪的驯鹰者，会在游隼秋季迁徙 (当时称为"朝圣") 时捕捉它们，用来狩猎。但是游隼究竟是如何迁徙的却无人知晓。

为了揭开游隼的迁徙秘密，本团队在北极为游隼佩戴了卫星追踪器。在遥远的北极地区进行鸟类卫星追踪，是一项非常具有挑战性的野外工作。俄罗斯北极地区极其遥远，大部分为无人区，人类很难进入，很多地方只能通过乘船或徒步的方式进入，并且夏季可利用时间非常短。我们每年只能进入一个地区进行野外工作。最终，历时 6 年，我们在北极圈的 6 个地区 (科拉半岛、科尔古耶夫岛、亚马尔半岛、泰梅尔半岛、勒拿河和科雷马河) 为 56 只游隼成功佩戴了卫星追踪器。

利用这些卫星追踪数据，我们构建了大陆尺度上的北极游隼迁徙系统（图8-1）。结果发现，生活在北极的游隼大概每年9月开始往南方迁徙，10月左右抵达越冬地，平均的迁徙持续时间为27天（95%置信区间：14～46天），迁徙速度约为213km/d（95%置信区间：49～420km/d）。游隼的越冬地分布范围很广，从欧洲南部可以一直伸到亚洲的东南沿海地区。主要的越冬地有4个，分别为欧洲南部、阿拉伯半岛、印度半岛和东南亚地区。游隼的迁徙行为表现为宽面迁徙的模式，并不会特别的在某一区域聚集。到了第二年的4—5月，游隼开始进行春季迁徙，返回北极进行繁殖。

图 8-1　北极游隼迁徙系统

　　游隼在亚欧大陆主要使用 5 条迁徙路线，具有非常高的迁徙连通性
（migration connectivity）和路径重复性（path repeatability，图 8-2）。同一
个种群的游隼，每年会迁往同一个越冬地，并且在第二年春季沿着各自的
路线返回同一个繁殖地区。同一只鸟在不同年份，几乎会沿着同一条路径
返回北极地区。这表明游隼可能具有非常强的长期记忆能力。有趣的是，
虽然这些游隼都分布在北极，但是不同种群的迁徙距离却是不一样的：西
部 2 个种群（科拉半岛和科尔古耶夫岛）的迁徙距离相对较短，平均为
3600 千米；东部的 4 个种群（亚马尔半岛、泰梅尔半岛、勒拿河、科雷马
河）为长距离迁徙，平均为 6400 千米。

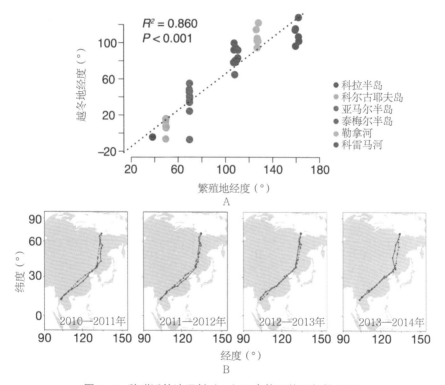

图 8-2　种群迁徙连通性（A）及个体迁徙重复性（B）

2. 游隼迁徙路线的形成原因

那么，游隼的这种迁徙路线是如何形成的？我们通过对 35 只游隼的基因组进行分析，重建了在时间维度上的游隼种群历史变化情况。结果发现游隼在 10 万年前，经历了一次非常明显的种群扩张，直到末次冰盛期（last glacial maximum，LGM）前后（2 万～3 万年前）。在末次冰盛期之后，它们经历了一次明显的种群收缩，一直持续到中全新世（mid-holocene）（图 8-3）。并且，西部的科拉半岛和科尔古耶夫岛种群（长迁徙距离）、东部的亚马尔半岛和科雷马河种群（短迁徙距离）分别具有最近共同祖先。长、短距离种群的分化时间大概在末次冰盛期。

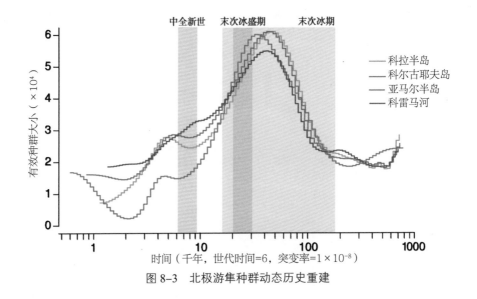

图 8-3 北极游隼种群动态历史重建

同时，结合空间维度上潜在历史繁殖、越冬地重建等结果，与种群历史推断的末次冰盛期前的种群扩张相对应，北极游隼在当时同时具有比全新世和末次冰期开始阶段更大的繁殖分布地范围。因为北极游隼的主要栖息地为苔原类型，所以基于孢粉重建的苔原分布地与重建的游隼在末次冰盛期的繁殖分布地有较高的一致性,进一步表明了末次冰盛期的苔原生境扩张是游隼种群扩张的基础。与此相对的是,末次冰盛期后的游隼有效种群大小收缩和种群的逐渐分化,则反映了冰期过后苔原生境的大规模减少和向北极地区收缩。我们推测在末次冰盛期到中全新世的转换过程中,随着冰川消退而导致的游隼繁殖地向北退缩和越冬地变迁,可能是游隼迁徙路线形成的主要历史原因(图8-4)。

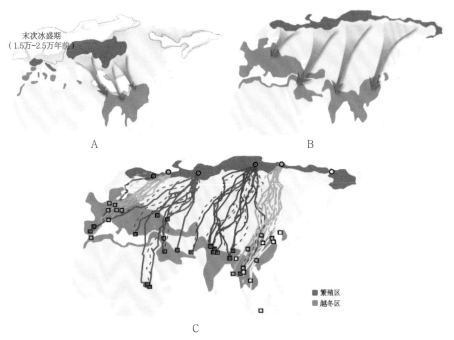

图 8-4 亚欧大陆北极游隼生态位模型分析结果

注: A. 末次冰盛期; B. 中全新世; C. 现在。

3. 游隼迁徙路线的维持机制

对于当前的迁徙路线,通过对不同迁徙路线之间的气候带进行比较,我们发现不同迁徙路线之间的环境异质性很强;同时,地理带之间的气候带配对检验结果也表明,环境巨变区域与迁徙路线边界高度吻合;并且路线之间的差异与基于选择性位点的遗传距离之间的相关程度明显大于中性遗传距离。这说明种群迁徙路线内部的环境差异约束以及来自遗传方面的本地适应,在维持当前迁徙路线方面可能发挥着重要的作用。

面对长达数千千米的迁徙之路,进行长距离迁徙的游隼又如何更好地回家?我们对长、短迁徙种群基因组进行了选择扫荡(selective sweep)信号检测,发现了一个和记忆能力相关的关键基因 *ADCY8*。该基因的一种单倍型在长距离迁徙种群中占据主导地位,频率明显高于短距离迁徙种群,说明该单倍型在长距离迁徙种群中受到强烈的正选择作用(图 8-5)。我们通过神经生物学功能实验证明了长、短距离迁徙种群的主要单倍型存在着功能差异(图 8-6)。迁徙距离更长的游隼携带 *ADCY8* 优势等位基因。该基因的主要功能与长时记忆形成有关。通过对长、短迁徙种群的多年迁徙路线的一致性进行比较分析,我们发现长距离迁徙种群的迁徙路线的一致性显著高于短距离迁徙种群,说明较强的长时记忆能力可能是鸟类长距离迁徙的重要基础。这在一定程度上回答了游隼为什么能够"记住来时的路"。我们对该等位基因的自然选择发生时间进行了估计,发现该等位基因受到正选择的时间同样为末次冰盛期之后,进一步证实了长时记忆能力对鸟类长距离迁徙的重要性。

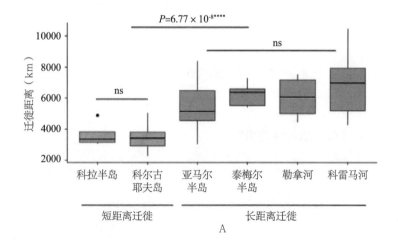

A

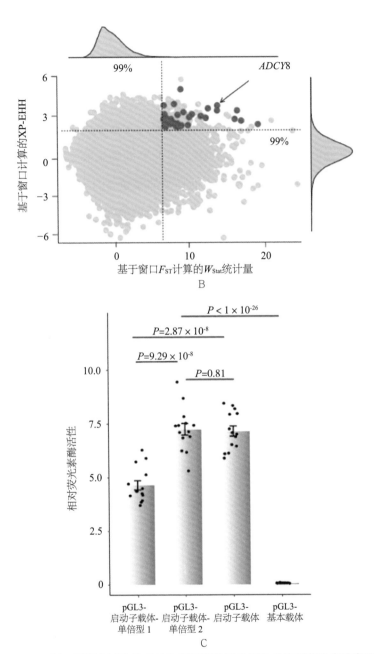

图 8-5 长、短距离迁徙种群的选择扫荡信号检测及单倍型荧光素酶实验

注：A. 长、短迁徙种群之间的迁徙距离比较结果；B. 基于样条窗口 F_{ST} 和 XP-EHH 结合的方法来
选择扫荡信号；C. 鸡胚海马原代细胞中进行的双荧光素酶实验检测结果。

4. 游隼迁徙策略的未来变化

候鸟的迁徙是一场生命的马拉松。在未来全球变暖日益严重的情景下，北极游隼又可能面临哪些威胁？我们通过对未来北极游隼的潜在适宜地进行模拟，推测由于持续的全球变暖，在亚欧大陆北极地区繁殖的游隼，尤其是西部短距离迁徙种群，可能要面临主要繁殖地缩减的风险（图 8-6）。这很可能是所有北极迁徙鸟类都要面对的一个共同问题[9]。与此同时，我们发现，向欧洲迁徙的北极繁殖游隼种群的迁徙距离在未来将会缩短，而这种迁徙策略改变的现象，如今也在越来越多的迁徙鸟类身上得到验证[10]。

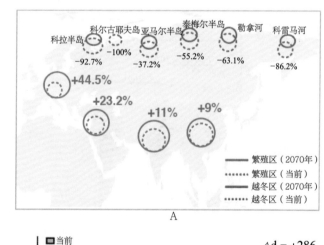

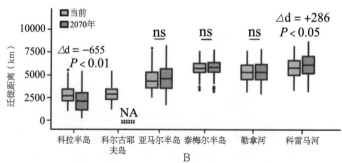

图 8-6　未来繁殖与越冬区（A）及迁徙距离变化（B）

总结与展望

鸟类迁徙一直是鸟类学和行为学界广为关注的经典领域。自 20 世纪以来，全世界学者从行为学、生态学和遗传学等不同学科方面开展鸟类迁徙研究，已经发现气候变化、遗传因素以及对环境因素的响应能够影响鸟类的迁徙。然而，由于跨学科整合分析的挑战性，对于决定鸟类迁徙路线的因素依然所知甚少，也很少有研究试图解决长期气候驱动和遗传因素影响鸟类迁徙路线变化的问题。因此，本研究借助于卫星追踪、基因组学、生态学、神经生物学等一系列互补性的新型研究手段，为这一难题的解决提出了新思路，为探索鸟类迁徙开拓了新模式。

本研究一经发表，便得到了学界和社会的高度关注，超过 150 家学术杂志和媒体对该研究进行了报道和转载。《自然》杂志同期发表亮点评述文章，认为该工作是一个学科交叉的典范，"再次证明了跨学科研究的价值，这种学科交叉的形式将不同领域的数据放到具体的背景下，得出新的见解，突破科学的边界"。《自然·生态与进化》（*Nature Ecology and Evolution*）杂志将该工作评为 12 项年度回顾工作之一。同时，这项成果也入选了"2021 年度中国生命科学十大进展"和"2021 年度中国科学十大进展"。

面对鸟类迁徙这一复杂行为的重大科学挑战，还有很多未解之谜等待着科学家去探索。例如，迁徙鸟类洲际水平的迁徙路线规律特征、同一物种具有多种迁徙策略的形成机制、亚成体和成体的迁徙策略差异、迁徙鸟类的跨境保护等。通过我们的工作，希望激励更多研究团队将类似的跨学科分析方法应用在更多的迁徙研究中，探求鸟类迁徙的普遍性规律，推动人类对迁徙这一自然之谜的理解和迁徙鸟类的有效保护。

参考文献

［1］ Gätke H. Heligoland as an ornithological observatory: the result of fifty years' experience［M］. Edinburgh: David Douglas, 1895.

［2］ Kirby J S, Stattersfield A J, Butchart S H, et al. Key conservation issues for migratory land-and waterbird species on the world's major flyways［J］. Bird Conservation International, 2008, 18（S1）: S49-S73.

［3］ Lisovski S, Liedvogel M. A bird's migration decoded［J］. Nature, 2021, 591（7849）: 203-204.

［4］ 郑光美. 鸟类学［M］. 北京: 北京师范大学出版社, 1995.

［5］ Paruk J D. The Cornell Lab of Ornithology Handbook of Bird Biology［J］. 2018.

［6］ Somveille M, Rodrigues A S L, Manica A. Energy efficiency drives the global seasonal distribution of birds［J］. Nature Ecology and Evolution, 2018, 2（6）: 962-969.

［7］ Kays R, Crofoot M C, Jetz W, et al. Terrestrial animal tracking as an eye on life and planet［J］. Science, 2015, 348（6240）: aaa2478.

［8］ Gu Z R, Pan S K, Lin Z Z, et al. Climate-driven flyway changes and memory-based long-distance migration［J］.Nature, 2021, 591（7849）: 259-264.

［9］ Wauchope H S, Shaw J D, Varpe Ø, et al. Rapid climate-driven loss of breeding habitat for Arctic migratory birds［J］. Global Change Biology, 2017, 23（3）: 1085-1094.

［10］ Nuijten R J M, Wood K A, Haitjema T, et al. Concurrent shifts in wintering distribution and phenology in migratory swans: Individual and generational effects［J］. Global Change Biology, 2020, 26（8）: 4263-4275.

09 干涉单分子定位显微镜

谷陆生 纪 伟 徐 涛

引 言

俗话说"眼见为实",人们通过感官从自然界获取各种信息。其中以视觉获取的信息量最多,约占获取信息总量的 80%。从早期的直接观察各种生物的形态和活动,到借助以光学显微镜为代表的成像设备拓展人眼的能力范围,观察复杂的生命活动,成像在各种尺度的生物医学研究中都具有十分重要的作用。

从米级的生物个体到微米级的细胞,以及纳米级的生物分子,生物学研究对象的尺度跨越近 10 个数量级。然而人眼的分辨率极限大约是 100μm(相当于一根头发的粗细)。对于病毒、细菌、细胞这些生命科学常见的研究对象来说,人眼就无能为力了。显微镜的发明为人们打开了观察微观世界的大门,从而可以深入探索生命的奥秘,放大并观察生物的各种生命活动。显微镜直接推动了生物医学的发展和进步,比如,英国细菌学家亚历山大·弗莱明(Alexander Fleming),就是因为偶然的机会,利用显微镜观察到青霉菌对葡萄球菌的抑制作用,促使了青霉素的发明，他也因此获诺贝尔生理或医学奖。这一发明挽救了数百万人的生命。青霉素也和原子弹、雷达一起，被称为第二次世界大战期间最伟大的三项发明。

　　显微镜的出现极大地提高了我们对微观世界的认知，但随着对生命的基本理解越来越深入，我们对显微镜分辨率的要求越来越高。因此，如何进一步提高显微镜的分辨率成为目前显微成像领域的重点研究方向之一。

研究背景

　　显微镜是最重要的生物科学研究工具之一。自 17 世纪列文虎克把显微镜应用于微生物研究以来，人们一直孜孜不倦地追求显微镜性能的提高，以期待看到细胞内更加丰富的细节，了解生命活动的本质。要深入研究细胞内部的生命活动，就需要提高分辨率和成像衬度这两个关键成像指标。

　　成像衬度是能够对目标结构进行观察的前提，细胞内大部分结构都是高度透明的，以更高的对比度观察特定的结构是细胞生物学研究的一个重要目标。为了解决这种问题，生物样品染色的技术被开发出来，将细胞内特定结构标记上染料，从而能够对原本无法观察的结构进行观察。其中，使用荧光染料或者荧光蛋白进行标记的荧光显微镜在细胞生物学研究中被应用得最为广泛，因为荧光标记具备非常高的对比度及成像衬度，配合高灵敏光学检测系统，甚至可以实现单个分子信号的检测。

　　只有分辨率足够高，才能分辨出细胞内的精细结构。德国科学家阿贝（Abbe）在 1873 年提出，显微镜的分辨率受光学衍射现象的限制，存在极限，小于分辨率极限的细微结构无法直接被分辨出来。根据他提出的公式，光学显微镜的分辨率极限约为可见光波长的一半。可见光波长为 400 ～ 700nm，所以光学显微镜的分辨率一般被认为只能达到 200 ～ 300nm。受到此衍射极限理论的限制，显微镜的分辨率在进入 21 世纪前一直没有取得突破（图 9-1）。

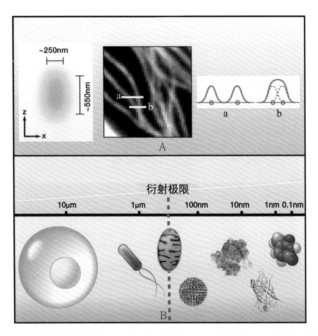

图 9-1 光学显微镜分辨率极限（A）及其与不同生物样品尺寸的比较（B）[1]

进入 21 世纪以来，多种超高分辨率荧光成像技术几乎同时被提出。其中，基于单分子定位的超分辨显微成像技术自 2006 年提出以来得到了快速发展，并于 2014 年获得诺贝尔化学奖[2-4]。光学衍射使一个几纳米大小的荧光分子所成的图像大小为几百纳米，但因为这个被模糊的图像是一个接近规则的圆形，所以我们可以通过找到圆心的办法来判断分子的真实位置在哪里，从而提高成像的分辨率。但在细胞的拥挤环境里，一个很小的区域里可能有很多分子同时成像，所成的图像叠加在几百纳米的区域里没法区分。单分子定位超分辨显微成像技术巧妙地利用一些特殊荧光分子可控的光开关特性，并结合单分子定位成像技术突破了光学显微镜分辨率的限制。这种技术的基本原理如图 9-2A 所示。在成像过程中，控制样品中大部分荧光分子处于暗态，少部分荧光分子处于发光状态，从而可以在某段时间内采集到稀疏的单分子图像。通过单分子图像识别以及质心拟合算法，对图中的单分子进行定位。这个定位精度就可以突破衍射现象的限制。通过成千上万次这样的稀疏分子的成像和位置判断，再通过它们的位置坐标，就像在一张白纸上不停画点的方法一样，最终可以重构出生物样品的真实高分辨结构。这种方法通过以时间换取空间分辨率的策略，把荧光显微镜的分辨率提高了一个数量级，从原有的 200 ～ 300nm 提升至 20nm 左右[1]。

超分辨成像技术的提出和发展大幅提高了显微镜的分辨能力。这项技术有助于解析众多未知的细胞纳米结构，提升我们对细胞的认知。例如，2013 年，超分辨技术解析了神经轴突上肌动蛋白和离子通道的周期性排布（图 9-2B），而在此之前这种结构由于分辨率的限制，一直未能被发现[5]。另外，2010 年，使用超分辨成像技术对细胞黏着斑结构的解析，也是利用了超分辨显微镜的分辨率优势，解析了细胞黏着斑处各种蛋白的空间位置关系（图 9-2C）[6]。

科研人员对显微镜分辨率的追求是永无止境的，分辨率越高，就越有可能揭示更多生命活动的奥秘。单分子定位显微镜的分辨率取决于定位的精度。自这项技术提出以来，科研人员都是使用质心拟合算法计算单分子图像圆心的位置，通常使用二维高斯函数模型对单分子图像进行拟合，对

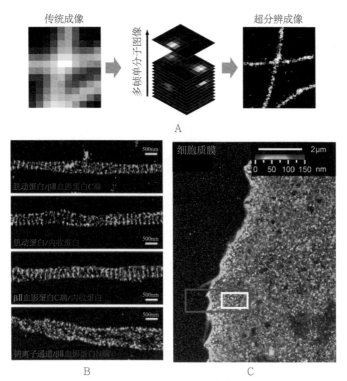

图 9-2 单分子定位超分辨显微成像技术原理（A）[1]、超分辨成像技术解析神经轴突
周期性结构（B）[5] 和超分辨成像技术解析细胞黏着斑结构（C）[6] 示意

注：图 C 中的红框区域表示细胞伪足部位黏着斑。

单分子的中心位置、大小以及亮度等参数进行计算。其中，位置信息将被
用于后续数据处理。这种方法高度依赖单分子图像的形状和光子数。近几
年，人们开始寻求新的方法提高定位精度。

　另外，通常成像方法所采集的图像都是二维的，使用二维数据来解析
三维真实结构就会出现信息丢失及失真等问题。因此，实现直接三维成像
也是显微镜的一个重要发展方向。对于单分子定位显微镜来说，如果可以
对单分子的轴向（Z）位置进行定位，就可以实现三维成像。但单分子轴
向的定位精度通常会比侧向（XY）差，导致轴向分辨率比侧向低 2 ～ 3 倍

（一般为 50nm），限制了这项技术对细胞结构的三维解析。

显微成像技术中另外一个很重要的领域就是多色成像。一张彩色照片所包含的信息量要大于灰度图像。对于生物学研究来说，多色成像不仅仅是能够提供色彩绚丽的成像结果，更重要的是科研人员可以对细胞内不同的组分进行同时观察，能够分析它们的空间位置关系以及相互作用过程。多色成像在研究细胞器之间相互作用、蛋白质定位分布等方面都有重要的应用。

■ 研究内容及成果

本研究采用激光干涉产生明暗相间的条纹来激发荧光分子，进一步提高了单分子定位显微镜的分辨率，尤其是三维分辨率。本研究采用的光学干涉新方法，具有更高的位置测量精度。其原理类似卫星定位。在卫星定位中，要确定目标的位置需要知道这几颗卫星之间的距离，还有卫星与目标之间的距离。这里采用的干涉条纹就起到卫星的作用。3 种不同相位的、明暗相间的干涉条纹之间的距离是已知的。不同条纹激发出的不同强度的荧光信号，可被用来确定目标分子在条纹里的位置。基于这个干涉定位的创新原理，本研究把单分子定位成像的分辨率提升到若干纳米水平，研制的纳米分辨率显微镜可以对细胞内微小结构的细节进行观察和分析，满足生物学研究对分辨率越来越高的需求。

1. 侧向干涉单分子定位成像

为了将干涉测量技术应用于单分子定位中，我们提出了一种新的单分子荧光检测技术，用于实现对快速变化的单分子的多次测量。这种单分子测量方法被命名为重复光学选择性曝光技术（repetitive optical selective exposure，ROSE）[7]。该技术的基本原理是把相机的成像区域划分为几个小区域，通过一个快速的扫描镜片把不同干涉条纹产生的图像对应投射到相机不同的区域。这样的快速产生干涉条纹和快速成像，切换一轮只需要125μs，可避免单分子毫秒量级的光闪烁的问题。

为了验证这项技术的可行性及性能，本研究首先搭建了二维定位系统。进行二维定位一共需要 6 个干涉条纹，单分子的位置可从对应的 6 个子图像中的亮度信息中获得（图 9-3A）。本研究首先选用了荧光小球进行测试。纳米荧光小球的特点是亮度和稳定性比较高，可以对同一个小球进行多帧成像，可以方便直观地表征定位精度，适用于测试系统的定位性能。测试结果显示，在相同的亮度条件下，使用干涉定位能够将定位精度提高 2.4 倍左右，与理论计算相符（图 9-3B）。

然而荧光小球并不能完全代表实际的单分子，还需要进一步通过单分子样品对系统进行验证。因此，我们选取了 DNA 折纸样品进行成像。这种样品可以人工设计其微观结构，非常适用于对单分子成像系统进行标定。我们分别设计了 20nm、10nm 和 5nm 间距的点阵结构进行成像。结果显示，对于 20nm 间距点阵的样品，使用传统方法与干涉定位都可以分辨，但是在干涉定位重构的结果中，每个点更加清晰；对于 10nm 间距点阵的样品，传统方法由于分辨率不足而无法有效区分每个位点，但是使用干涉定位就可以清楚分辨点阵结构（图 9-3C）；得力于干涉定位的高定位精度，5nm 间距的点阵结构也可以清晰分辨。这表明这种基于干涉定位的成像方法能够提供超高的分辨能力（图 9-3D）。最后，我们对荧光标记的细胞微丝网络样品进行了成像验证，发现与传统定位方法相比，使用干涉定位能够提供更高的分辨率以及更清晰的微丝网络成像结果。

经过上述一系列的验证实验，证明与原有技术相比，干涉定位分辨率可提高 2.4 倍。

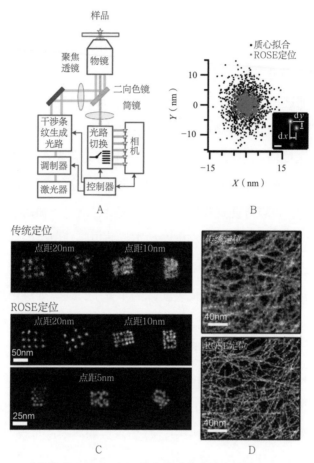

图 9-3　ROSE 成像技术原理（A）及荧光微球定位精度结果（B），DNA 折纸样品
成像结果对比（C）以及细胞微丝网络样品成像结果对比（D）[7]

2. 轴向干涉单分子定位成像

　　生物结构本身是三维的，因此实现三维纳米结构的解析是很重要的研究方向。要实现单分子的三维定位，就需要通过各种方法改变单分子的图像特征，使其形状或者亮度随着轴向位置发生改变，从而将单分子的轴向位置转换为可以通过图像测量的量，实现单分子的三维定位。目前常用的

方法主要包括柱面镜法、双层成像法和点扩散函数（point spread function，PSF）工程法。柱面镜法通过在光路中增加一个柱面镜，使系统产生微小的像散。这样随着轴向位置的不同，单分子形状会表现为不同比例的椭圆。通过单分子图像的长宽比就可以确定单分子轴向位置。双层成像法是将荧光信号分成两部分，聚焦后在相机靶面上汇聚生成两个图像。这两个图像的焦距有微小区别，相对大小和亮度会随着不同轴向位置产生变化，通过这种变化也可以获得轴向位置信息。PSF 工程法是通过使用空间光调制器，将单分子图像调整为更加复杂的形状。与柱面镜法和双层面法相比，PSF 工程法具有更好的定位性能。这些方法轴向（Z 方向）定位精度通常会比侧向（XY 方向）差 2 ~ 3 倍。

本研究将发展的单分子干涉定位技术应用于轴向定位，并将其命名为 ROSE-Z[8]。要实现轴向干涉定位，就需要产生沿轴向分布的条纹状照明。一般干涉条纹是由使用对称光路中两路激光进行干涉产生的，但是对于显微镜来说，样品的一面与显微镜的物镜靠近，而另一面如果也对称设置物镜，就会使整个系统非常复杂。同时因为物镜与样品的距离非常近，如果使用对称的两个物镜进行照明，样品就必须做得非常薄，同时操作使用也不方便。

本研究通过设计非对称光路，产生局部干涉条纹的同时规避了上述问题。如图 9-4A 所示，激光在照明光路中被分成两部分，一部分通过物镜从下方照射样品；另一部分通过一个透镜从上方照射样品，透镜的焦距较长，可以保证到样品之间有足够的空间。两束光既产生了干涉条纹，又保证了样品操作的便捷性。

非对称光路结合 ROSE 技术，就可以实现单分子的轴向定位（图 9-4B）。本研究采用荧光微球对这种方法的定位精度进行了验证，结果如图 9-4C 所示。在柱面镜定位方法中，轴向定位精度比侧向差 2 ~ 3 倍，而使用干涉定位的轴向定位精度能够达到甚至优于侧向定位精度。同柱面镜法相比，定位精度提高了 6 ～ 8 倍。

我们选择了细胞内的微管纤维样品对系统的性能进行测试。这种纤维是中空的管状结构，经过抗体染色后，直径大约为 50nm。这种尺度使用传统的方法进行解析时，会受到轴向分辨率的限制，无法分辨出中空的结构。我们使用 ROSE-Z 技术对这种结构进行了成像，发现由于轴向分辨率的提升，中空管状的结构能够清晰分辨出来（图 9-4D）。

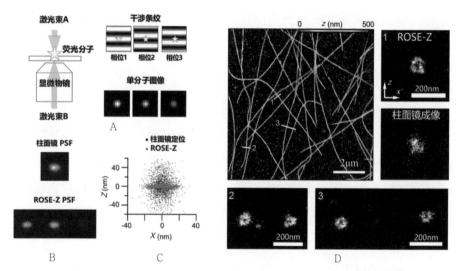

图 9-4　ROSE-Z 技术及轴向干涉生成原理（A），系统 PSF 与柱面镜 PSF 的比较（B），定位精度验证（C）和 ROSE-Z 技术实现对细胞微管中空结构的解析（D）[8]

3. 深层成像

ROSE-Z 技术实现了纳米分辨率的三维成像以及结构解析。但对于细胞深层的成像，可能会因为对光的散射和阻挡而影响观察细胞内部结构。这就要求三维成像技术在不同深度能够保证单分子定位精度的一致性。另外，随着成像深度的增加，样品会引入更多像差，使单分子图像发生变化。这种变化对于传统的定位有很大影响，因为传统定位方法依赖于单分子图像的形状，而干涉定位方法的定位理论上受到的影响更小。于是我们比较了 10μm 深度下传统方法和干涉定位方法的定位精度，发现传统方法的定位精度随着深度的增加逐渐变差，而干涉定位的定位精度基本没有受到影响，表现为在整个深度范围内一致的定位精度。

　　本研究通过标记细胞中的线粒体，验证了此方法的细胞成像性能，样品的厚度是 2.4μm 左右。成像结果表明，干涉定位在细胞内部也能保证很好的三维成像能力（图 9-5）。

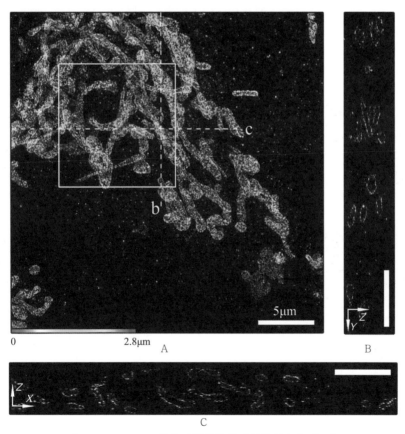

图 9-5　ROSE-Z 技术对线粒体外膜结构的解析（A）
以及两个方向的切面结果展示（B、C）

注：样品厚度约为 2.4μm。[8]

4. 多色成像

显微成像技术的另一个重要发展方向就是多色成像。对样品进行多色成像可以同时观察细胞内的不同组分或结构，适用于进行细胞器之间的相互作用、蛋白质之间的空间位置关系等方面的研究。

本研究中使用 Alexa-647 和 CF660C 两种染料标记了线粒体外膜以及细胞微管，并进行了三维双色成像。结果表明，该方法能够同时实现两种颜色高分辨率三维成像（图 9-6A）。本研究还进一步验证了使用 3 种荧光分子进行三色成像，选用 Alexa-647、CF660C 和 CF680 这 3 种染料，分别标记了线粒体外膜、内质网和微管。成像结果表明，这 3 种荧光染料能够被清晰分辨，实现了对细胞内 3 种组分的成像（图 9-6B）。

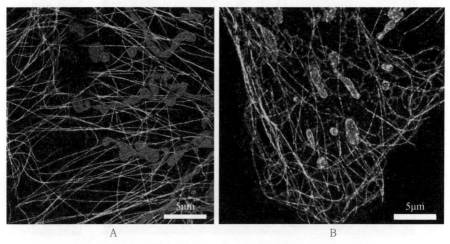

图 9-6　ROSE-Z 双色成像（A）和 ROSE-Z 三色成像（B）[8]

注：在 A 图中，我们分别使用 Alexa-647 标记线粒体外膜，CF660C 标记细胞微管纤维；在 B 图中，我们分别使用 Alexa-647 标记线粒体外膜，CF660C 标记内质网，CF680 标记细胞微管纤维。

总结

光学显微镜所特有的非侵入性、高特异性以及多色成像能力，使它成为生物学研究中常用的工具，发挥着非常重要的作用。本研究提出并实现了一种新的单分子荧光检测方法，并基于这种方法实现了干涉单分子定位成像。同现有技术相比，这种技术能够实现更高的侧向及轴向分辨率，拓展了超分辨显微成像对生物学样品的解析能力。

本研究将远场光学分辨能力推进到 3nm 的分子尺度。实现了轴向定位精度 6 ～ 8 倍的提高，实现了优于侧向分辨率的轴向分辨率，并能够在较深样品中实现三维高分辨率成像。我们团队研制的显微镜为认识微观生命世界提供了新的工具，为探索生命的奥秘提供了更多可能。

发展前景与展望

本研究提出了干涉单分子定位技术，并研制了干涉单分子定位显微镜。同原有的单分子定位方法相比，在相同光子数条件下，干涉单分子定位技术能够将 XY 方向定位精度提高 2.4 倍，Z 向定位精度提高 6 ～ 8 倍，实现了超高分辨率三维成像。

这些技术开发和设备研制工作为生物纳米结构的观测提供了新的技术手段。未来这项技术会被继续发展，在更高分辨率、深层成像、活细胞成像等方面进一步得到提升优化。其中一个方向是提升分辨率，进一步提高对细胞内超微结构的分辨能力；另一个方向是进一步提升厚样品的成像能力，引入自适应光学技术，减小厚样品成像时的像差，有望实现组织成像。另外，通过结合机器学习可以进一步加快成像速度，有望使该技术应用于活细胞成像。

这项技术的出现也标志着我国的显微镜研制技术走向了该领域的前沿，所能提供的分辨率等性能达到甚至超过了国际上其他成像设备。同时，在显微成像技术自主研发和设备研制过程中，该技术提升了我国的高端光学成像设备的设计制造水平，培养了一批在成像领域有丰富技术经验的科研人员，为我国高端科研设备自主研制提供了有力支持。

参考文献

[1] Huang B, Babcock H, Zhuang X. Breaking the diffraction barrier: super-resolution imaging of cells[J]. Cell, 2010, 143（7）: 1047-1058.

[2] Betzig E, Patterson G H, Sougrat R, et al. Imaging intracellular fluorescent proteins at nanometer resolution[J]. Science, 2006, 313（5793）: 1642-1645.

[3] Hess S T, Girirajan T P K, Mason M D. Ultra-High resolution imaging by fluorescence photoactivation localization microscopy[J]. Biophysical Journal, 2006, 91（11）: 4258-4272.

[4] Rust M J, Bates M, Zhuang X. Sub-diffraction-limit imaging by stochastic optical reconstruction microscopy（STORM）[J]. Nature Methods, 2006（3）: 793.

[5] Xu K, Zhong G, Zhuang X. Actin, Spectrin, and associated proteins form a periodic cytoskeletal structure in axons[J]. Science, 2013, 339（6118）: 452-456.

[6] Kanchanawong P, Shtengel G, Pasapera A M, et al. Nanoscale architecture of integrin-based cell adhesions[J]. Nature, 2010, 468（7323）: 580-584.

[7] Gu L, Li Y, Zhang S, et al. Molecular resolution imaging by repetitive optical selective exposure[J]. Nature Methods, 2019, 16（11）: 1114-1118.

[8] Gu L, Li Y, Zhang S, et al. Molecular-scale axial localization by repetitive optical selective exposure[J]. Nature Methods, 2021, 18（4）: 369-373.

10 全脑单神经元多样性研究及信息学大数据平台

赵苏君　陈　鑫　刘力娟　王宜敏　屈　磊
姜升殿　谢　芃　丁莉雅　阮宗才　严慧民
韩晓锋　刘裕峰　谢　维　顾忠泽　彭汉川

引　言

　　当前，大脑奥秘的解读已成为极具挑战性的科学难题之一。"现代神经科学之父"圣地亚哥·拉蒙·卡哈尔（Santiago Ramón y Cajal）曾说过，"只要大脑的奥秘尚未大白于天下，宇宙将仍是一个谜。"许多人认为宇宙最神秘，但其实人脑的复杂程度不亚于宇宙。解密大脑，不只是解决一个科学难题，更有利于人类生活质量的提高。一方面，大脑的解密可以极大地推动脑相关疾病的诊断、治疗和预防，如脑创伤、自闭症、阿尔茨海默病等；另一方面，理解大脑的结构和功能也有利于人工智能（artificial intelligence，AI）、脑机接口等技术的发展，为人类日常生活带来便利。

　　人类大脑如同一块极其复杂的电子芯片，排布着千万亿个结构精密的电子元件。它为我们处理日常生活中源源不断的信息，记录知识，产生思想，能耗却只有一台家用电脑的1/10。通过描绘出细胞神经元的形态，我们就能获得这张芯片的电路图，解析其中蕴含着的大脑如何运转的奥秘——神经元类型、神经元间的联系等。这种探索也许就像我们对基因的解密过程，20 世纪 90 年代，人类基因组计划记录下一本由 30 亿个"字母"组成的"天书"，但时至今日，解读大脑这本"天书"仍是生物学研究的核心问题之一。

研究背景

　　脑是自然界最复杂的系统，阐明脑认知功能的神经基础是认识自然与自身的终极挑战。人类大脑由数量高达千亿的神经元和神经胶质细胞及各类支撑组织构成，与人类生存相关的几乎所有功能都和神经系统有关。西方医学之父希波克拉底曾说过，"因为有了脑，我们才有了乐趣、欣喜与欢笑，才有了绝望、哀愁与无尽的忧思。因为有了脑，我们才看得见，才听得到。因为有了脑，我们才以一种独特的方式拥有了智慧，获得了知识。"

　　神经元（neuron）[1]，也称神经细胞，作为构成神经系统结构和功能的基本单位，互相通过特殊结构"突触"（synapse）来传递信息，从而形成神经环路，完成神经系统的总体功能。单个神经元的结构包括胞体（soma）和突起两大部分，而突起又分为树突（dendrite）和轴突（axon）。胞体大小不一，有圆形、椭圆形、梭形、锥形等。从胞体扩张、向外突出形成的放射状树状结构即为树突，其分支短而多，起始部分较粗，经过反复分支而变细，长短不一，通常短于轴突。有些树突的小分支表面存在大量细的隆起物，称为树突棘（dendritic spine）。一般认为，树突棘是与其他神经元传入纤维形成突触的部位。树突可以接收其他神经元传来的信息并传给胞体，经胞体整合后由轴突传出。树突也可以单独完成信息的传递，即树突接收信息后由树突传出。轴突由胞体的轴丘（axon hillock）处发出，相较于树突，轴突主干一般长而细、粗细均一，主干可发出侧支，多在末端形成纤细分支，每一分支的末端膨大形成扣状结构，称为轴突末梢或突触终扣（synaptic bouton），与其他神经元或效应细胞接触，形成突触，从而向下游传递信息。神经元一般同时具有树突和轴突两类突起，大部分神经元具有一个或多个树突及一个轴突；部分神经元只有轴突而没有树突，如背根神经节的初级感觉神经元等；还有些神经元只有树突而没有轴突，如视网膜中的无长突细胞等。树突和轴突这两种拥有独特形态和功能的树状结构，构成了多样的神经元形态，揭示了不同细胞类型，反映了不同神经元各异的功能以及在神经环路中产生的作用。单神经元形态的多样性研究是揭开大脑运作神秘面纱的关键切入点。

脑科学研究是科学技术发展的战略重点。自 2013 年美国开启脑计划以来，欧盟、日本、澳大利亚等国家和地区相继推出了各自的脑科学研究计划。脑科学已成为当前国际科技前沿的热点研究领域。中国脑科学与类脑科学研究（以下简称"中国脑计划"）的三大前沿方向是认识脑、保护脑和模拟脑，以探索大脑秘密、攻克大脑疾病以及建立和发展 AI 技术为导向，在 2021 年 9 月拉开序幕。东南大学脑科学与智能技术研究院的研究跨越了脑科学的多个层面，对应三大方向，包括认识脑方向的全脑单神经元投射图谱绘制、单神经图谱成像，保护脑方向的神经疾病发生与干预的神经生物学共性机制研究，模拟脑方向的全脑多尺度跨物种模拟类脑计算平台等。

近年来，在哺乳动物脑成像领域，稀疏标记技术[2]和光学成像技术的发展，使在光学显微镜下单个神经元完整形态清晰成像成为可能。稀疏标记技术就是对特定类型的单个神经元进行稀疏、明亮地标记，从而实现在成像系统下清晰分辨单神经元的结构。在光学成像技术中，光片荧光显微成像（light sheet fluorescence microscope，LSFM）、双光子激发荧光成像（two-photon excited fluorescence，TPEF）和显微光学切片断层成像（micro-optical sectioning tomography，MOST）是 3 个具有代表性的成像技术，实现了以亚微米量级（突起水平）在全脑范围内对特定的神经结构进行成像。这些显微镜脑影像通常以逐片或分重叠小块的方式组成三维超大规模影像。以一个小鼠全脑的荧光显微光学断层扫描（fluorescence MOST，fMOST）[3] 图像为例，其图像文件数据量庞大，可以达到数万亿字节（tera byte，TB），包含数千亿个体素。超大规模显微镜数据的存储和管理、脑影像数据中生物信息的提取等，都需要大数据管理、图像质量提升、图像可视化、交互等多个层面的技术，而传统处理方法却无能为力。

针对上述挑战，东南大学脑科学与智能技术研究院组建了跨学科的脑科学研究团队，建立了全脑单神经元多样性研究及信息学大数据平台，涵盖了影像图像处理、图像可视化、神经元形态学标注与重建、图像配准、大规模计算和分析等多个方向（图 10-1）。

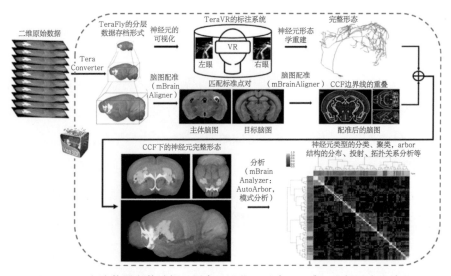

图 10-1　全脑范围完整神经元形态可视化、重建、配准、分析平台和流程

■ 研究内容及成果

全脑单神经元多样性研究及信息学大数据平台工作流程主要包含图像预处理与可视化、高通量神经元重建、大数据智能管理、跨模态图像配准、数据分析等。

1. 大脑影像数据的预处理和可视化

Vaa3D[4, 5]是"3D Visualization-Assisted Analysis"软件套件的简称，它是一个开放源代码的、跨平台（Windows、Mac 和 Linux）的、功能丰富的多维度（包括 3D、4D、5D 等）图像可视化、重建和分析系统，主要用于大规模多维显微图像的观察（即可视化）、交互、分析和管理等。它可以根据某些特定应用的需要，通过灵活的插件程序和工作模式来扩展功能。这种可扩展应用的功能使 Vaa3D 可以在新的领域使用。目前，Vaa3D 已向公众提供了超过 140 个插件，广泛应用于图像采集、可视化、预处理、图像内容标注、神经元形态自动追踪、图像映射、数据管理与分析、显微手术以及大规模流水线等。

在获得大脑影像数据（通常为多个 2D 图像层）并通过 Vaa3D 平台对数据进行预处理后，运用 Vaa3D 中的 Tera Converter 模块（即 Vaa3D-Tera Converter）进行数据格式转换，将一系列 2D 图片格式（如 TIFF）转换为可在 Vaa3D-TeraFly 中打开的、具有多重分辨率的 3D 图像块格式，支持在不同维度下可视化与处理，兼顾了高效率与高准确率。Vaa3D-TeraFly[6]技术以金字塔式多尺度结构管理每个大脑体积中的数千亿体素，实现了整个小鼠大脑 3D 图像快速读取、实时可视化（亚秒级）与交互。简单来说就是从访问低分辨率图像逐步放大，递进到高分辨率图像。用户既可以在宏观上查看图像的全貌，也可以在微观上即时锁定感兴趣的局部区域，以更高的分辨率精准地查看图像内容，为后续单个神经元形态的标注（即神经元重建）、分析等打下基础。

2. 全脑范围单个神经元形态重建、质量控制与大数据智能管理

随着单神经元稀疏标记、高分辨率生物显微成像等技术的发展，大规模稀疏标记的全脑图像逐渐普及。如何高质量、高通量地重建全脑神经元形态是脑科学领域的重要研究方向，也是在脑科学领域亟待解决的一个关键问题。人为的手工标注效率较低，难以保证高通量，而计算机的算法自动重建在准确度方面还需要进一步优化。目前，自动重建算法与手工标注相结合是高质量快速重建全脑神经元形态的最优方法。

神经元自动重建算法有很多，如本团队自主开发的 GD[7]、APP1/APP2[8]、TreMAP 等。Vaa3D 平台实现了包括上述方法在内的多种重建算法，在 UltraTracer[9] 的框架下，迭代式地以图像模块为单位完成高质量自动化神经元重建。根据在脑图像中观察到的神经元形态结构特征和神经信号强弱、稀疏密集情况，选择性地使用自动重建算法和手工重建。对于信号清晰、信噪比（信号与噪声的比值）较高、其他神经元干扰较少的神经元树突，可以使用自动重建算法进行重建；对于轴突、信号较弱、信噪比较低或其他神经元干扰较多的树突，进行手工重建。

手工重建主要依赖 Vaa3D-TeraFly 和 Vaa3D-TeraVR。Vaa3D 中的 TeraFly[6] 模块（Vaa3D-TeraFly）可以对 TB 级多维体积图像进行可视化与交互，通过使用简单的鼠标手势，如单击、拖拽，配合各种快捷键，实现了神经元形态的标注，如线段和标记点的添加、删除等。由于大部分显示设备是2D 的（如显示屏），而全脑神经元结构复杂，盘根错节，有时很难在 2D平面视角下准确辨识出 3D 的真实形态，如当不同神经元分枝互相缠绕以致不易判断，或神经元自身信号不清晰时。针对这类情况，Vaa3D-TeraVR

应运而生。Vaa3D 中的 TeraVR[10] 模块（Vaa3D-TeraVR）基于虚拟现实（virtual reality，VR）和 AI 技术，实现了"零距离漫步"于大脑内部。用户戴上 VR 头盔，在大脑图像虚拟空间中以一种类似操作物理对象的方式操作图像数据，来进行神经元重建（图 10-2B）。TeraVR 为左右眼同步生成实时渲染流，模拟人如何感知真实世界的物体，从而形成立体视觉。就像 VR 游戏一样，TeraVR 同样打造了一个黑白的"脑世界"，让用户沉浸其中，以第一视角多角度地观察每一个神经元（图 10-2A）。TeraVR 具有一套全面的辅助功能，如便捷的对比度调节和显示模式调节、全脑定位和导航、添加/编辑/删除 3D 几何对象、自动信号校准等。用户通过操控手柄，既可以看到大脑的全貌，也可以逐步放大，动态加载到高分辨率的特定局部区域，以便近距离观察（图 10-2B）。因为 TeraVR 采用了类似谷歌地图的多尺度动态加载技术，这种局部和全脑的切换非常迅速。典型的全脑成像数据包含复杂的分支模式、弱且不连续的轴突信号、重叠的神经突、多个神经元密集排列等，通过"面对面"观察这些具有挑战性的区域，可以更直观准确地识别微弱或者对比度低的信号、确定神经突复杂的 3D 轨迹、区分出交错的神经元，实现高效精准的神经元形态重建工作，从而极大地改善了重建缺失、过度重建、拓扑错误等问题（图 10-2A、10-2C）。TeraVR 还支持多用户远程协作重建与校验，即多个标注者可以通过使用基于云端的数据服务器同时处理同一个数据集。以 3 个标注者为例，每个标注者都登录到云端，虚拟空间中颜色各异的图标代表了不同的标注人员，图标的所在也代表了标注者的实时空间定位。在此期间，标注者间不仅可以看到彼此，看见对方的操作，还可以进行实时对话交流。此外，所有的标注结果可以实时同步共享（图 10-2D）。

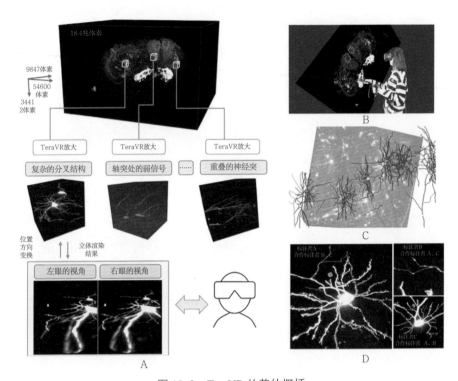

图 10-2　TeraVR 的整体概括

注：A. TeraVR 的可视化和重建场景；B. 演示 TeraVR 使用的混合现实可视化；C. 利用 TeraVR 从
　　高噪声背景强度图像中重构出多个密集排列的神经元；D. 多个标注者实时协作处理同一个图
　　像时各自的视图。

　　TeraFly 和 TeraVR 中 3D 标注功能的实现借力于内置于 Vaa3D 的"虚
拟手指（virtual finger）"算法[11]。该算法可以将用户在计算机屏幕 2D 平
面上的输入映射到 3D 图像空间中生物实体（如细胞、神经元或微管）对
应的 3D 位置上，即用户在距离信号一定范围内绘制的线段会自动与信号
贴合。

　　在完成神经元形态重建之后，重建数据将通过严格的质量控制来确保
其准确度。以自主建立的神经元数字模型为基础，运用算法对重建数据进
行自动检测；算法检测合格后的重建数据，再由标注者在自主研发的手机

移动平台软件和 Vaa3D-TeraVR 系统进行重重把关；经过不同标注者多次检查、修改，最终确定单个神经元的完整形态，从而保证数据的可信度。

通常情况下，一个完整神经元的重建流程为手动 / 自动标记胞体（主要基于手机移动平台软件或 Vaa3D-TeraFly）、自动算法重建树突、自动与手动结合质量控制（主要基于质控算法、手机移动平台软件和 Vaa3D-TeraVR）、手工重建轴突（主要基于 Vaa3D-TeraVR 和 Vaa3D-TeraFly）、自动与手动结合质量控制（主要基于质控算法、手机移动平台软件和 Vaa3D-TeraVR）。经过上述流程，大量高质量数据产生，同时也带来了千万亿字节（petabyte，PB）级全脑计算和数据存储的挑战。一种应用于全脑范围内单个神经元形态学多层次重建和测量的方法应运而生（图 10-3A、10-3C），利用必要的硬件平台和自主开发的软件平台——Morpho Hub 来优化数据和工作流程管理（图 10-3B），从而有效地处理 PB 级全脑高分辨率图像数据集[12]。基于此平台和方法，目前已成功验证一套 PB 级应用数据集，分析了 11322 个神经元树突，并在 1050 个带有长程投射轴突的神经元中检测到了 190 万个潜在的突触位点。

3. 全脑、各脑区及单神经元的跨模态图像配准

近年来，随着多个大型国际全脑映射项目的开展，采用不同高分辨率、高通量成像技术（STPT、fMOST、LSFM、VISoR、MRI）产生的全脑图像数据集数量正以前所未有的速度增加。将这些不同成像模态（即通过不同成像技术获得）的多维全脑图像和神经元重建数据映射到一个标准图谱上（即配准），不仅有助于神经元类型、神经元连接性、脑区投射、基因表达定量、脑结构和功能定量分析等神经生物学研究，而且对构建脑空间定位图谱和大脑连接图谱等也至关重要。

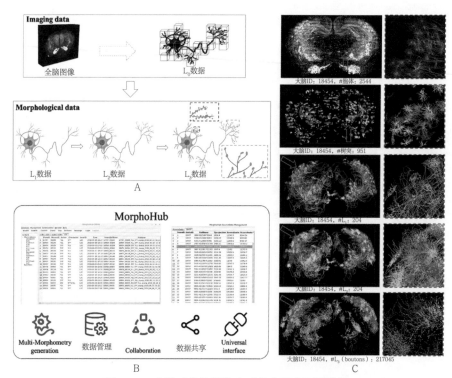

图 10-3　全脑成像数据集生成的多形态测量数据

注: A. 多层次重建方法的说明, 包含数万亿体素的全脑图像 (左上) 中, 单个神经元的第一级 (L_1)、第二级 (L_2) 和第三级 (L_3) 重建按顺序进行 (下), 基于重建后的单神经元数据的形态计量 (右上), 生成了此神经元所在的局部图像块第零级 (L_0); B. MorphoHub 系统, 用于多形态测量数据的生成、所有相关数据和工作流程的管理和可视化、数据共享和扩展功能; C. 一个小鼠大脑 (大脑编号: 18454) 神经元多层次重建的形态测量示例, 从上到下分别是胞体、树突、L_1 数据、L_2 数据和 L_3 数据, 右侧图片为红色箭头所指区域的放大面板。

　　然而, 不同的生物个体、标记方法、样本制备和成像方式导致数据在亮度、纹理和解剖结构等方面差异巨大。比如, 由于每个小鼠大脑大小不同, 不同小鼠大脑同一位置的神经元大小也随之不同, 为了能将不同小鼠重建的神经元数据进行比较与分析, 需要将不同小鼠大脑及重建的神经元映射到同一个标准脑中。高精度跨模态图像配准是当前的一个关键挑战。跨模态配准管线 mBrainAligner 很好地应对了这样的挑战[13]。

它基于相干标记点映射（coherent landmark mapping，CLM）和深度神
经网络（deep neural network，DNN），将整个小鼠大脑图像和神经元形
态数据映射到标准 Allen 公共坐标框架图谱第三版（common coordinate
framework atlas version 3，CCFv3；来源于美国艾伦脑科学研究所）中。基
于 mBrainAligner，高分辨率全脑图像及神经元形态重建数据被成功映射
至 CCFv3，使这些原本来自不同小鼠个体的数据，可在统一的坐标空间
下进行分析，为大规模全脑单细胞神经元分析和类型鉴定提供了重要保证
（图 10-4）。

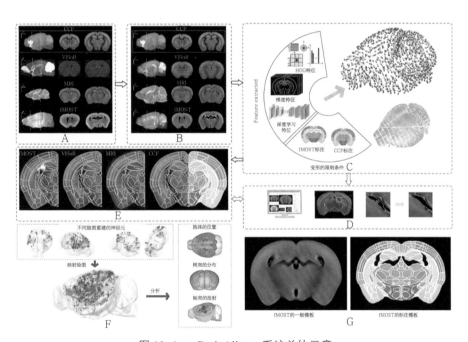

图 10-4　mBrainAligner 系统总体示意

注：A. 不同模态小鼠大脑原始图像的最大信号强度投影；B. 预处理和全局配准的小鼠大脑；C. 基
于 CLM 局部配准的概览；D. 选择性半自动配准模块的概览；E. 不同模态配准到 CCFv3 后的
小鼠大脑；F. 将树突、轴突、胞体映射到一个标准坐标空间用于可视化、比较和分析的图解；
G. 基于 mBrainAligner 建立的 fMOST 模态鼠脑图谱。

4. 数据分析

针对上述流程获得的可以进行比较的神经元形态数据，对神经元形态结构进行量化提取与分析，从中理解神经元自身特征，挖掘神经元投射规律，找出神经元结构与功能之间的关系以及神经元与神经元之间的联系。本研究通过运用 Vaa3D 中神经元分析工具（如 global、neuron、feature 等）、多种神经元分析方法（如单细胞结构的子结构域自动解析）、细胞群体和单细胞相关性分析等，对配准后的神经元形态重建数据集进行分析，包含了来自皮层、屏状核（claustrum，CLA）、纹状体和丘脑等脑区的神经元。其中，大脑皮层是调节躯体运动的最高级中枢，也在体温调节中发挥着重要的作用。它是多种神经元信号的最终汇集点；丘脑是感觉的高级中枢，是最重要的感觉传导接替站；纹状体可以参与协调各种精细复杂的运动；屏状核被一些专家认为是意识的"开关"。

（1）神经元分类

通过分析神经元的转录组特征（从 RNA 层次研究基因表达的情况，反映特定条件下活跃表达的基因，是研究细胞表型和功能的一个重要手段）和形态学特征（如个体外观、内外部结构等），包括分子水平、发散或收敛投射模式、轴突末端模式、脑区特异性、拓扑结构和单细胞差异性等，可以发现，不同部位、不同种类的神经元，其胞体、树突、轴突大小和形态各不相同，甚至同一部位的神经元形态相差也很大。而且即便是拥有相同转录组信息的神经元，也呈现出了不一样的形态。根据神经元的转录组特征和形态学特征，本研究鉴定了 11 种主要的投射神经元类型，这些主要类型依据脑区投射范围（即神经元发出、运送信号的目的地）的不同，可以进一步划分为更精细的神经元投射类型。神经元形态的多样性符合多水平（即多个层面、不同角度）调控长程投射的规则。虽然主要投射类型的划分与转录组谱明显一致，但神经元形态的多样性与聚类（具有某些相似特征的对象划分为同一类）衍生的转录组亚型没有明显的相关性，突出了单细胞水平交叉模式（即多个层面、不同角度）研究的重要性。单细胞形态多样性的优势揭示了神经细胞类别的丰富性，也反映了单个神经元各自在功能环路中的独特功能。研究表明，量化的完整单细胞解剖学分析对神经细胞类型鉴定是至关重要的[14]（图10-5）。

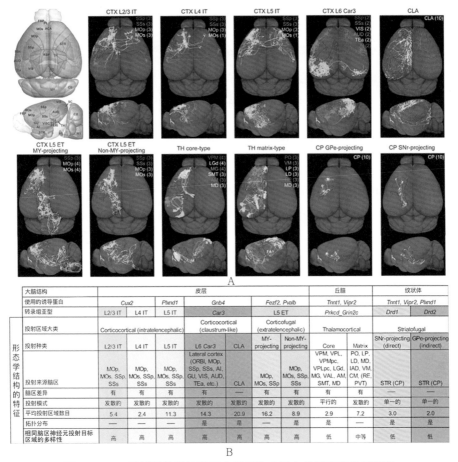

A

大脑结构	皮层							丘脑		纹状体	
使用的诱导蛋白	Cux2	Ptxnd1		Gnb4		Fezf2, Pvalb		Tnnt1, Vipr2		Tnnt1, Vipr2, Ptxnd1	
转录组亚型	L2/3 IT	L4 IT	L5 IT	Car3		L5 ET		Prkcd_Grin2c		Drd1	Drd2
投射区域大类	Corticocortical (intratelencephalic)			Corticocortical (claustrum-like)		Corticofugal (extratelencephalic)		Thalamocortical		Striatofugal	
投射种类	L2/3 IT	L4 IT	L5 IT	L6 Car3	CLA	MY-projecting	Non-MY-projecting	Core	Matrix	SN-projecting (direct)	GPe-projecting (indirect)
投射来源脑区	MOp, MOs, SSp, SSs	MOp, MOs, SSp, SSs	MOp, MOs, SSp, SSs	Lateral cortex (ORBI, MOp, SSp, SSs, AI, GU, VIS, AUD, TEa, etc.)	CLA	MOp, MOs, SSp	MOp, MOs, SSp	VPM, VPL, VPMpc, VPLpc, LGd, MG, VAL, AM, SMT, MD	PO, LP, LD, MD, IAD, VM, CM, (RE, PVT)	STR (CP)	STR (CP)
脑区差异	有	有	有	有	—	有	有	有	—	—	—
投射模式	发散的	发散的	发散的	发散的	发散的	发散的	发散的	平行的	发散的	单一的	单一的
平均投射区域数目	5.4	2.4	11.3	14.3	20.9	16.2	8.9	2.9	7.2	3.0	2.0
拓扑分布	—	—	—	是	是	是	是	是	—	是	是
相同脑区神经元投射目标区域的多样性	高	高	高	高	高	高	高	低	中等	低	低

B

图10-5　11种长程投射神经元在单细胞水平上的形态和投射特性

注：A.11种长程投射神经元各自的形态示例；B.投射神经元类型与形态和投射特征之间关系的总结表。

（2）神经环路

神经元之间如何产生联系从而形成环路？其中形态特征又扮演了什么角色？由于神经元借助电信号的传播来传递信号，人脑中四通八达的神经纤维，就像一条条电缆，把信号传递到下一级神经元。不同类型的神经元会产生不同的电信号（包括随之产生的化学信号），需要和不同类型的神经元产生连接，传递不同的信息，产生不同的功能，而这些不同也会体现在神经元的形态上。比如，屏状核被一些专家认为是意识的开关，它的轴突很长，广泛投射于大脑皮层，如前额叶、内侧和外侧联合皮层区域、内嗅皮层等。研究表明，屏状核神经元平均投射区域可达 20 个。丘脑是感觉的高级中枢，是最重要的感觉传导接替站。丘脑核心区域神经元的轴突往往只有一个主要的投射分支，投射区域较局限，主要投射至感觉或运动皮层。丘脑核心区域神经元平均投射区域大约为 3 个[14]。屏状核神经元与丘脑核心区域神经元的形态差距巨大，它们与其他神经元的连接以及它们各自行使的功能也各不相同。神经元多样的形态可以帮助我们更好地理解不同神经元的连接模式。结合神经元分类的结论，通过匹配对应的电信号数据，我们将会得到一个更为全面的全脑单细胞关系图谱，跨越形态学、基因和电生理多个领域。

总结与展望

脑结构的复杂性给脑科学和神经形态学研究提出了一系列挑战，日益成熟的成像技术和与日俱增的图像数据集也对高质量、高通量神经元数据重建和分析产生了需求，本研究建立了全脑单神经元多样性研究及信息学大数据平台，形成了图像预处理、图像可视化、神经元形态重建、质量控制、大数据智能管理、脑图像和神经元重建数据跨模态配准、数据分析的完整流程，旨在发展成工业级别的大规模神经元形态学数据生产和分析的研究中心。基于此平台，本团队重建了大规模高质量的神经元完整形态数据，分析结果进一步验证了形态学对脑科学发展的重要性，揭示了神经元长程投射规则，发掘了更多分子基础上的神经元形态亚型。本研究会持续对研究大脑细胞分型与功能、脑连接环路、全脑大规模模拟、类脑计算、基于生物脑的新型 AI 算法和系统等产生重要的推动作用，有效地促进了脑科学领域的发展。

随着更深入地对神经元形态学进行挖掘，越来越多的人发现目前对大脑和神经元的认知还远远不够，更精确的神经元形态描绘、更系统的形态学分类、形态与基因和其他生物学指标的关联、形态学更广阔的应用等都有待我们去探索。

■ 当前面临的挑战

虽然全脑单神经元多样性研究及信息学大数据平台较好地处理了当前面临的一些问题，但仍有不少挑战有待应对：神经元形态重建的自动化追踪算法还有待优化；大规模的重建数据质量检测和控制也尚未脱离人工；神经元的形态学测量还处在初级阶段；低成本快速远程共享成像数据还处在开发测试阶段。除此之外，随着工业级高通量脑成像设施的落实，未来更多物种的大脑模型将会被构建，如猴脑、人脑等，脑科学也会产生更多对探索未知的需求。

■ 未来发展目标

未来的发展目标是加强平台建设，逐步攻克难题，优化神经元自动重建算法、自动化重建数据质量检测和控制，完善移动平台神经数据处理软件，打造一个更强大的全球平台，将生产力提高至更高的水平，并向更宽广的方向不断扩展（如脑疾病诊断、类脑智能开发等），实现更多跨领域的国际合作。

目前对各种神经疾病的研究主要集中在宏观组织解剖学特征和微观的分子指标，对神经元在神经性疾病中的变化研究还不多。研究表明，大多的发育性或获得性神经性疾病中都有神经元形态改变，包括树突碎片化和分支模式的改变等。理解影响神经元形态的因素对于理解神经系统功能和功能障碍至关重要。一方面，通过异常神经元和正常神经元的对比，可以建立神经疾病和神经细胞形态病理之间的联系；另一方面，研究异常神经元也会使我们更加了解正常神经元是如何运行的，以新的角度发掘神经元结构与功能之间的关系。

人脑神经网络中不同种类的神经元会有不同的输入与输出，每一个神经元承担着"计算"与"连接"的双重功能，从而决定了大脑神经网络的独特性。人类一直想要探索大脑的奥秘，我们一边惊叹着造物主的神奇，一边想要将造物主的这份"智慧"应用在日常的生活中，从而产生了人工神经网络。人工神经网络可以被理解为人类自己制造的"大脑"。这个"人造大脑"的神奇之处在于，它可以像真正的人脑一样，去处理视觉、听觉等各种信息，并且根据不同信息作出相应的反馈。

随着计算机技术和脑科学的深入研究，越来越多复杂的人工神经网络模型被研究出来，在图像、文本、声音、预测、计算等领域大放光彩。我们不断增加模型的深度和复杂程度，以期达到更高的计算精度，但是却遭遇了"瓶颈"——这些模型尚未在速度和精度上实现质的飞跃。AI 在未来该何去何从？或许只有我们进入大脑神经元隐秘的更深处，真正解读出大脑的工作原理和计算模型时，这样的问题才会得到解答。

参考文献

［1］寿天德 . 神经生物学（第三版）［M］. 北京：高等教育出版社，2013.

［2］Thomas R，Smallwood P M，John W，et al. Genetically-directed，cell type-specific sparse labeling for the analysis of neuronal morphology［J］. PLoS One，2008，3（12）：e4099.

［3］Gong H，Xu D，Yuan J，et al. High-throughput dual-colour precision imaging for brain-wide connectome with cytoarchitectonic landmarks at the cellular level［J］. Nature Communications，2016，7（1）：1–12.

［4］Peng H，Ruan Z，Long F，et al. V3D enables real-time 3D visualization and quantitative analysis of large-scale biological image data sets［J］. Nature Biotechnology，2010，28（4）：348–353.

［5］Peng H，Bria A，Zhou Z，et al. Extensible visualization and analysis for multidimensional images using Vaa3D［J］. Nature Protocols，2014，9（1）：193–208.

［6］Bria A，Iannello G，Onofri L，et al. TeraFly：real-time three-dimensional visualization and annotation of terabytes of multidimensional volumetric images［J］. Nature Methods，2016，13：192–194.

［7］Peng H，Ruan Z，Atasoy D，et al. Automatic reconstruction of 3D neuron structures using a graph-augmented deformable model［J］. Bioinformatics，2010，26（12）：i38–i46.

［8］Xiao H，Peng H. APP2：automatic tracing of 3D neuron morphology based on hierarchical pruning of gray-weighted image distance-trees［J］. Bioinformatics，2013，29（11）：1448–1454.

［9］Peng H，Zhou Z，Meijering E，et al. Automatic tracing of ultra-volumes of neuronal images［J］. Nature Methods，2017，14（4）：332–333.

［10］Wang Y，Li Q，Liu L，et al. TeraVR empowers precise reconstruction of complete 3-D neuronal morphology in the whole brain［J］. Nature Communications，2019，10：3474.

［11］Peng H，Tang J，Xiao H，et al. Virtual finger boosts three-dimensional imaging and microsurgery as well as terabyte volume image visualization and analysis［J］. Nature Communications，2014，5：4342.

［12］ Jiang S，Wang Y，Liu L，et al. Petabyte-Scale multi-morphometry of single neurons for whole brains ［J］. Neuroinformatics，2022，1−12.

［13］ Qu L，Li Y，Xie P，et al.Cross-modal coherent registration of whole mouse brains ［J］. Nature Methods，2021，19（1）：111−118.

［14］ Peng H，Xie P，Liu L，et al. Morphological diversity of single neurons in molecularly defined cell types ［J］. Nature，2021，598（7879）：174−181.

后　记 | Postscript

　　学会联合体对 2021 年度"中国生命科学十大进展"做了广泛宣传。2022 年 1 月，学会联合体通过新华社、人民网、《光明日报》、中新社、人民政协网、《经济日报》《中国青年报》《科技日报》《中国科学报》《科普时报》、光明网、中国经济网、《北京日报》、澎湃新闻、《工人日报》、中国网、科普中国、《中国财经报》、科协改革进行时、《科技导报》、腾讯网、《现代快报》《中国妇女报》等多家媒体对项目评选结果进行了报道。《人民日报》对获奖专家李家洋院士和詹祥江教授进行了采访和报道。

　　2023 年 2 月 23 日，在天津市第一中学滨海学校举办了 2021 年度"中国生命科学十大进展交流会暨科普报告会"。会议由中国科协生命科学学会联合体主办，天津市科学技术协会、中国科学院天津工业生物技术研究所、南开大学生命科学学院、南开大学合成生物学海河实验室和南开大学药物化学生物学国家重点实验室联合承办，天津市滨海新区教育体育局、天津市第一中学滨海学校协办。各项目负责人奉献了精彩的"十大进展"研究成果科普报告。每场报告结束后，院士专家们都与葵园学子积极互动，对学生们提问的肯定极大地激发了葵园学子对探究生命科学的热情。通过此次科普活动，科学精神在学子中传承，促使同学们把科学家精神进一步转化为学习的内在动力，扎扎实实学出成绩，让报国之志为青春远航积蓄动力，让青春在实现中华民族伟大复兴中国梦的征程上绽放出绚丽光彩！

2021年度中国生命科学十大进展发布

本报记者 詹媛

2022年01月11日08:53 | 来源：光明日报

原标题：2021年度中国生命科学十大进展发布

正在迁徙的候鸟。新华社发

2021年度中国生命科学十大进展发布

光明日报 2022-01-11

作者：本报记者 詹媛

"二氧化碳人工合成淀粉"等入选2021年度中国生命科学十大进展

中国新闻网
2022-01-10 21:14:00

中新网北京1月10日电（记者 孙自法）中国科协生命科学学会联合体1月10日公布2021年度"中国生命科学十大进展"评选结果，"从二氧化碳到淀粉的人工合成""新型冠状病毒逃逸宿主天然免疫和抗病毒药物的机制研究"等8个知识创新类项目、"干涉单分子定位显微镜""提高中晚期鼻咽癌疗效的高效低毒治疗新模式"2个技术创新类项目成果入选。

最新揭晓的2021年度中国生命科学十大进展具体项目成果如下：

2021年度中国生命科学十大进展公布，两项涉新冠疫情防控

北京日报客户端 | 记者 刘苏雅
2022-01-10 18:11

首次用二氧化碳人工合成淀粉，首次发现和重构新冠病毒转录复制机器的完整组装形式，建立鼻咽癌国际领先、高效低毒且简单易行的治疗新标准……1月10日，中国科协生命科学学会联合体公布了2021年度"中国生命科学十大进展"评选结果，8个知识创新类和2个技术创新类项目成果入选。

其中，最受公众关注的一项入选成果是"从二氧化碳到淀粉的人工合成"。中国科学院天津工业生物技术研究所联合大连化物所等单位，在国际上首次实现了二氧化碳到淀粉的人工全合成，能效和速率超越玉米等农作物，为淀粉的车间制造打开了一扇窗，并为二氧化碳原料合成复杂分子